はじめて学ぶ！

公害防止管理者試験

[水質関係]

プロが教えるこの１冊で合格できる！

◇　Q&A 形式で疑問に答える！

◇　試験に必要な考え方の納得学習！

◇　基礎から合格までの道案内！

東京大学工学博士
福井清輔　編著

弘　文　社

まえがき

本書は，初めて公害防止管理者という国家試験の受験を検討される方や，世の中に出ている公害防止管理者の本では少しハードルが高くて苦労するという方などのために，できるだけ基本からわかりやすくしようとして書いたものです。

「公害防止管理者って何なの？」というところから始めて，学習の仕方・考え方の一般論，受験要領，あるいは国家試験で実施される各科目分野についても，それぞれの重要事項について入門編としての解説を用意しました。公害防止管理者について知りたい方，公害防止管理者の勉強を始められてつまずいておられる方などに，まずは共通事項などを気楽に寝転んでお読みいただきたいと思います。そして，公害防止管理者の受験を目指すお気持ちになられたならば，各科目に用意しました説明を入門解説として役に立てていただければと思います。

これまで入口のところで事情がわからずにあきらめておられた方や，学習途上で手ごろな解説書が少なかったために公害防止管理者の受験を断念されていた方もおられると思いますが，もう少し初めのあたりでの疑問が解消できていれば，そのあとはスムーズに学習を進められた方も多かったかも知れません。本書は，そのような方々を中心としてこれから公害防止管理者の学習を始めて国家試験に挑戦しようという方のための助走支援書です。まずは，気楽に斜め読みしていただき，その後やる気が出てこられましたら，頑張って公害防止管理者の学習を進めていただきたいと考えております。

ただ，本書は，あくまでも入門編ですので，あまり詳しい内容や高度な記述は割愛しています。ある程度理解されて，公害防止管理者とはどのような分野なのかを把握された上で，より本格的な内容の学習に進んでいただければ幸いと存じます。勿論，本書も国家試験の範囲の 70% 以上はカバーしておりますので，本書の範囲を十分に学習されましたら，国家試験の合格水準に到達することは可能です（ただし，分析法などは別途の学習が必要です）。

本書が，少しでも皆様方の学習においてお役に立てますことを心より願っております。

著者記す

目　次

まえがき ……3
公害防止管理者の学習にあたって……11

第1編　受験の相談

Q1　公害防止管理者とは何ですか。その資格を持つと，どんなメリットがあるのですか？ ……16
Q2　公害防止管理者試験の大気を受けるか，水質を受けるか，迷っているのですが，要求される知識分野はどのように違うのですか？…18
Q3　高等学校（あるいは，文系の大学）しか出ていませんが，公害防止管理者の試験を受けられますか？また，独学以外に公害防止管理者の勉強をする方法があれば教えて下さい。 ……20
Q4　過去問の勉強は最良の学習法って本当ですか？ ……22
Q5　難しい問題の解き方を教えて下さい。 ……24
Q6　微分や積分がわからないのですが，公害防止管理者の受験はあきらめないといけませんか？ ……26
Q7　法律というものになかなかなじめませんが，法律の勉強の仕方を教えて下さい。 ……28
Q8　公害防止管理者の勉強はいつ頃から始めるのがいいのでしょう？ …30
Q9　勉強する気持ちを長続きさせるにはどうしたらいいのでしょう？ …32
Q10　公害防止管理者の勉強をするためには，どんな本をどのくらい買えばいいのですか？ ……34
Q11　ひとりで勉強していてわからないことが出てくるとなかなか先に進めません。そんな時，どうしたらいいのでしょう？ ……36
Q12　試験前に，また，試験に臨んで気をつけるべきことはどんなことですか？ ……38

第2編　大気関係・水質関係の共通事項

Q1　化学物質の書き方には多くの表記法がありますが，ベンゼン環の中心から棒が出ている分子式はどういう意味なのですか？また，分子名の前に，3，3′ーや，*p*ーその他，*n*ーと付くものがありますが，これらはどういうことを意味しているのですか？ …42

Q 2　濃度の単位に w/v などと書かれたものがありますが，これは何ですか？　濃度の単位を整理して教えて下さい。……46
Q 3　気体の状態方程式とはどんなものですか？教えて下さい。……48
Q 4　公定分析法とは何ですか？また，その分析法を全部覚えなければなりませんか？……50
Q 5　分析で使われる検量線とはどんなものなのでしょうか？……52
Q 6　容量分析法とは，どのような分析法を言うのですか？その中の主な分析法についても教えて下さい。……54
Q 7　分光分析法とは，どんな分析法なのですか？……56
Q 8　機器分析に用いる機器や処理装置などには，見たこともないものが多く，イメージが持てないまま学習しています。何とかならないでしょうか？……58
Q 9　いろいろな業種についての知識が出題されているようですが，自分の属している業種ならともかく，他の業種のことまで勉強しなければならないのですか？……60
Q10　レイノルズ数って，どのような数字なのですか？……62
Q11　練習のために，化学の基礎になる問題を少し出して下さい。……66

第3編　公害総論

Q 1　公害とはどういうことを言うのですか？また，代表的な事例を教えて下さい。……74
Q 2　環境基本法とはどういう法律なのですか？簡単に教えて下さい。……76
Q 3　なぜ汚水や排出ガスを処理しなければならないのですか？それらが発生しないようにすればよいのではないですか？……78
Q 4　無過失賠償責任とは，過失がないのに賠償するというものですか？なぜこういう決まりがあるのですか？……80
Q 5　リサイクルに関する法律にはどのようなものがあるのですか？教えて下さい。……82
Q 6　硫黄酸化物は，なぜ公害対策の優等生と言われるのですか？では，劣等生にはどんなものがあるのですか？……86
Q 7　公害に関係する法律の概要をまとめて教えて下さい。……88
Q 8　公害防止管理者に関する法律と公害防止管理者について教えて下さい。……90
Q 9　pH とは何ですか？環境問題の中でどういう意味を持つのですか？…92
Q10　環境問題に関係する国際条約や議定書もかなりあるようですが，まとめて教えて下さい。……94
Q11　環境問題の主な用語について，その意味だけでも確認しておき

たいので，簡単に教えて下さい。 ……96
Q12 環境問題に関するアルファベットの記号・略号がたくさんありますが，それらについて簡単に教えて下さい。 ……102
Q13 練習のために，公害総論関係の基礎練習問題を出して下さい。 ……106

第4編　水質関係の共通事項

Q1 公害防止管理者（水質関係）の試験は，誰でも受けられるのでしょうか？試験はどのくらい難しいのですか？ ……112
Q2 公害防止管理者（水質関係）の国家試験は科目別合格制になっているそうですが，それはどういう制度なのですか？ ……114
Q3 水質関係の公害防止管理者試験を受けたいのですが，大気や騒音・振動の勉強もしなければなりませんか？ ……116
Q4 pH や濃度の計算に出てくる指数や対数ってどんなものなのですか？教えて下さい。 ……118
Q5 水質でよく出てくる pH について，練習問題を交えて復習させて下さい。 ……122
Q6 化学で出てくるモルってわかりにくいのですが，どんな考え方なのですか？ ……124
Q7 化学反応式の係数は，どうやって決めたらよいのですか？ ……128
Q8 反応式を用いて反応量を求める計算の方法を教えて下さい。 ……132
Q9 物質収支とは，どういうことですか？どういうところで役に立つのですか？ ……134

第5編　水質概論

Q1 水質関係の歴史的なことはどの程度押さえておいたらよいでしょうか？ ……140
Q2 水質関係の環境基準や排出基準がたくさん決められていますが，これらの数値をすべて覚えなければなりませんか？ ……142
Q3 水質汚濁防止法とはどんな法律なのですか？それについて教えて下さい。 ……144
Q4 水質汚濁の要監視項目にイソキサチオンとかフェノブカルブなどの見たこともない物質名が出てきますが，これらも覚えないといけないでしょうか？ ……146
Q5 富栄養化とはどんな状態を言うのですか？
その現状も教えて下さい。 ……148

Q 6　なぜ生物は環境中にある低濃度の有害物質まで濃縮してしまうのですか？……150
Q 7　BOD などの発生原単位とは，いったいどんな指標で，どのように使われるのですか？……154
Q 8　河川の自浄作用の問題で，BOD 濃度を L とする時，$dL／dt$ のような式（？）が出てきますが全くわかりません。これは何ですか？…156
Q 9　水質関係で，エスチャリーという言葉が出てきますが，エスチャリーとはどんなものなのですか？……160
Q10　温帯地方の湖や沼では，季節によって水がよく混ざったり，あまり混ざらなかったりするそうですが，どうしてそんなことが起こるのですか？……162
Q11　水質関係の有害物質および人や動物の健康に関連する用語を解説して下さい。……164
Q12　水質関係の排出業種と排出有害物質の関係を整理して教えて下さい。……166
Q13　練習のために，水質概論関係の基礎練習問題を出して下さい。……168

第 6 編　汚水処理特論

Q 1　物体が落ちる速さは，加速度がついているのでだんだん速くなると思っていましたが，沈降分離においては，粒子が落ちる速さは一定であるというのはなぜですか？……174
Q 2　同じ金属なのにどうして鉄やアルミニウムなどが凝集剤になってナトリウムやカリウムなどはならないのですか？また，ノニオン系高分子凝集剤はイオンではないのに，粒子を捕まえられるのはなぜですか？……176
Q 3　電気化学を使った問題も出ているようなので，整理して教えて下さい。……178
Q 4　酸化と還元ってどういうことを言うのですか？これらはお互いに反対語なのですか？……180
Q 5　不連続点アンモニア分解法というアンモニアの処理方法について，起こっている反応も含めて教えて下さい。……182
Q 6　膜分離法には，いくつもの種類があるそうですが，それらについて教えて下さい。……184
Q 7　バクテリアにはどうして好気性菌と嫌気性菌がいるのですか？それらの違いについても教えて下さい。……186
Q 8　シアンやダイオキシンなどのような生物に有害なものでも，微生物処理ができるというのは，なぜですか？……188

Q 9　微生物による排水処理法の中で，生物膜法は活性汚泥法や嫌気性処理法に比べて安定ではあるが，大型装置に向いていないというのはなぜですか？ ……190
Q10　硝化作用と脱窒作用のちがいについて教えて下さい。 ……192
Q11　コゼニー・カルマンの式は複雑ですが，覚えなければなりませんか？ ……194
Q12　汚泥処理プロセスについて教えて下さい。また，汚泥の水分率には2種類の表し方があるそうですが，それについても教えて下さい。 ……196
Q13　水質の試料採取法とその保存方法についてまとめて教えて下さい。 198
Q14　BOD や COD って何ですか？なぜ河川が BOD で，海域・湖沼が COD と基準が区別されているのですか？また，その測定原理を教えて下さい。 ……200
Q15　原子吸光法，ICP 分析法および吸光光度法で測定する対象物質を整理してもらえませんか？ ……202
Q16　質量分析法の原理をまとめて教えて下さい。 ……204
Q17　練習のために，汚水処理関係の基礎練習問題を出して下さい。 ……206

第7編　水質有害物質特論

Q 1　有害物質の処理方法にはどのような方法があるのですか？その全体像を教えて下さい。 ……214
Q 2　重金属イオンなどを中和して沈殿させる処理法があり，ものによってはアルカリ側にしすぎると問題だといいますが，それはなぜでしょうか？ ……216
Q 3　溶解度積の意味と，その計算について教えて下さい。 ……218
Q 4　吸着とはどんな現象ですか？また，吸着を説明する理論について教えて下さい。 ……220
Q 5　有害物質特論において，測定方法と対象物質の関係を整理してもらえませんか？ ……222
Q 6　同じような水素との化合物なのに，ひ素の時は水素化物，セレンの時は水素化合物と言い分けるのはなぜですか？ ……226
Q 7　液クロやガスクロなどのクロマトグラフィーってどんな原理の機械なのですか？ ……228
Q 8　練習のために，有害水質関係の基礎練習問題を出して下さい。 ……232

第8編　大規模水質特論

Q 1　水質予測のためのモデルに流体力学的モデルと生態学的モデルがあるようですが，それらについて教えて下さい。……238
Q 2　大規模水質特論で，L−Q 解析とか L−Q 曲線というものが出てきますが，何のことか教えて下さい。……240
Q 3　ミカエリス・メンテンの式の意味を教えて下さい。……242
Q 4　水使用計画と再利用計画について，その概要を教えて下さい。……244
Q 5　冷却塔を使った冷水系の計算問題がよく出ているようですが，冷却塔の説明も併せて教えて下さい。……246
Q 6　大規模水質特論の立場から，鉄鋼業について，その概略を教えて下さい。……250
Q 7　アンモニア・ストリッパーという用語が出てきますが，ストリッパーの意味を教えて下さい。また，コークスや安水とはどんなものですか？……252
Q 8　大規模水質特論の立場から，製油所について，その概略を教えて下さい。……254
Q 9　大規模水質特論の立場から，紙・パルプ業界について，その概略を教えて下さい。……256
Q10　大規模水質特論の立場から，食品業界について，その概略を教えて下さい。……258
Q11　練習のために，大規模水質特論に関する問題をいくつか出して下さい。……260

索引……266

公害防止管理者の学習にあたって

本書の学習法を含めて，公害防止管理者の学習についての考え方を書いてみます。

公害防止管理者は公害防止の専門家

公害防止管理者は，公害防止分野での専門家ですので，その分野での一通りの知識や見識を持ち合わせていなければなりません。

最初から専門家でなくてもよい

しかしながら，はじめからそのような知識や見識を持った人でなければ公害防止管理者の国家試験に挑戦してはならないという訳ではありません。受験資格には制限はありません。受験時に，性別を問わないのは当たり前ですが，学歴も実務経験も問われません。

上に述べたような専門家としての知識や見識は，国家試験のための学習を積みながら，あるいは実務経験をこなしていかれる中で，そして，実際に公害防止管理者としての業務をこなされる中でだんだんと身につけていけばよいのです。

まずは，「この資格に挑戦しよう」という意気込みでスタートされればよいでしょう。

60％の正答率で国家試験に合格

公害防止管理者の国家試験も，それなりのレベルのある試験ではあります。しかし，頑張れば合格できないものでもありません。実技試験はありませんし，60％の正答率で合格ですから，実務や知識の完璧な専門家になっていなくても受験ができますし，十分合格できます。

本書の中でも説明してありますが，具体的に受験すべき科目のそれぞれの特徴をよく分析し把握して，計画し努力されれば合格圏内にはかなり容易に近づくことができるでしょう。

3問中の2問が正答できれば余裕を持って合格です。いや，5問中3問の正答で合格ラインなのです。極端に言えば，5問中2問はわからなくてもいいのです。そのつもりで，気を楽にして学習しましょう。

まずは軽い気持ちで

そうは言っても，公害防止管理者の分野では，やはり初めて学ばれる方にとって，入口の段階で戸惑ったり疑問が次々にわいてきたりしやすいものです。

本書は，そのような不安や心配にできるだけお答えできるように，多くの方が持たれる疑問を Question and Answer の形で整理していますので，斜め読みで結構ですから，まずは軽い気持ちでお読み下さい。

やる気になってきたら，技術的事項を学習しよう

斜め読みをしばらくされていると，公害防止管理者とはどんな分野なのか，どういうことが要求されているのか，暗記科目らしいものはどれかなど，公害防止分野の事情がだんだんつかめてくると思います。人間は，難しいことがわからなくても，その周辺の様子がわかってくると，結構安心できるものです。そのような状態になればしめたものです。

そうなった上で今度は，それぞれの科目の技術的事項について学習して下さい。ページの順序通りでなくてもよいのです。斜め読みの段階で，より興味や関心を持たれた科目，少しでもとっつきやすそうに見えた部分から取り組んでみましょう。

練習問題なども各所に配置してありますので，ご活用下さい。公害防止管理者の本試験様式である，五肢択一式（いわゆる五択（ごたく））の問題をそれなりに用意してあります。

本書の範囲でも十分学習されれば合格ライン

本書は入門書として用意しています。多くの方々が入口付近で持たれる疑問，質問に答えようとして書いてあります。しかし，その流れにおいて，技術的事項のわかりやすい解説にも心がけております。公害防止管理者の試験分野の全部は網羅（もうら）できていませんが，過去十年以上の出題傾向に加えて新制度になってからの問題を検討した上で，難しい方の20～30％を除いた70～80％の重要分野をカバーしています。

ですから，本書の範囲を十分に学習されれば，国家試験で合格ラインの60%の正答を得ることはそう難しいものでもありません。一生懸命勉強されれば，合格も可能です。

勿論，「過去問」と呼ばれる，これまでに国家試験で出題された問題を解く練習などを併用されれば，より確実に試験突破の実力がつくことでしょう。

喫茶室 縄文海進

縄文時代の初期には，現代で心配されている以上の温暖化が地球全体であったようで，その結果，それまで海ではなかった場所に瀬戸内海が生まれ，暖流である黒潮の一部が日本海に流れ込んで対馬海流となり，今のような日本列島の形ができあがったようです。また列島の太平洋側に流れる黒潮の影響によって，気候も温暖湿潤に変わったようです。これを縄文海進と言います。そして，四季の移り変わりのはっきりした温帯性気候のおかげで恵み豊かな日本の自然が生まれたのです。温暖化といっても，昔のそれはいい面もあったのですね。

日本人が自然と仲良しなのも，このようなよい環境があったからこそでしょうね。

第1編

受験の相談

この編では，公害防止管理者の受験を考えておられる読者の方に対して，基本的な疑問・質問にお答えする形で，ご相談に乗りたいと考えています。公害防止管理者の資格とは？その試験とは？といった疑問・質問をお持ちの方は，実際の学習に取り掛かる前にお気軽にお読み下さい。

なお，公害防止管理者試験の合格基準は，一部の科目が多少悪くても他の科目と合わせて平均60%程度なら合格という運用がなされたこともありましたが，現在では，科目ごとに60%の正解が必要となっています。

Q１　公害防止管理者とは何ですか。その資格を持つと，どんなメリットがあるのですか？

A. 公害防止管理者とは

公害防止管理者とは，次のような仕事をする人ということになっています。すなわち，法律で特定されている工場（特定工場）において，燃料や原材料の検査，騒音や振動の発生施設の配置の改善，排出水や地下浸透水の汚染状態の測定の実施，ばい煙の量や特定粉じんの濃度の測定の実施，排出ガスや排出水に含まれるダイオキシン類の量の測定の実施等の業務を管理する者です。「管理する者」ということですから，自分でするかしないかは関係ないのです。その工場でそれらの業務が法律に従って行われているかどうかを見ておく役目と考えて下さい。

特定工場には公害防止管理者を選任することが義務付けられている

一定の規模の特定工場では，一定の資格者の中から公害防止管理者を選任することが，法律で工場の設置者に義務付けられています。ですから，公害防止管理者の資格を持つことと，公害防止管理者であることとは，必ずしも一致しません。

公害防止管理者の資格は全国共通ですが，公害防止管理者はある工場において任命されるということになります。

公害防止組織

特定工場には公害防止組織を置かなければなりません。法律の定める公害防止組織は，基本的に「一定規模以上（ばい煙発生量が１時間当たり４万 m^3 以上で，かつ排出水量が１日当たり平均１万 m^3 以上）の特定工場」と「その他の特定工場」に分けられ，次の３つの職種で構成されます。

①　公害防止統括者

工場の公害防止に関する業務を統括・管理する役割で，工場長などの職責のある者がなることが普通です。資格は必要なく，また，常時使用する従業員数が20人以下の特定工場では公害防止統括者は不要です。

② 公害防止主任管理者

公害防止統括者を補佐し，公害防止管理者を指揮する役割です。排出ガス量4万 m^3／時以上で排出水量1万 m^3／日以上の特定工場での選任が必要で，部長または課長の職責にある者が想定されており，資格を必要とします。

③ 公害防止管理者

先に述べましたように，公害発生施設または公害防止施設での運転，維持，管理，燃料，原材料の検査等の管理を行います。施設の直接の責任者が想定され，資格を必要とします。公害防止管理者は公害発生施設の区分ごとに選任しなければなりません。

公害防止管理者の資格のメリット

公害防止管理者の資格を持っているとどのようなメリットがあるのでしょう。多くの資格と同様に就職に有利になりますが，より具体的に言いますと，次のような意味合いがあります。

① 特定工場を持っていて，公害防止管理者の有資格者が少ない企業では，公害防止管理者を選任することに苦労しますので，資格を持っている人は優先して採用されます。

② また，直接に特定工場の公害防止管理者を選任する必要がない企業の場合でも，化学や環境に関する知識を持っていることの客観的な証明ともなりますので，就職活動でもかなり有利になります。

Q２　公害防止管理者試験の大気を受けるか，水質を受けるか，迷っているのですが，要求される知識分野はどのように違うのですか？

A. 確かに，同じ公害防止管理者の試験ですが，大気関係と水質関係とはある程度の違いがありますね。水質環境と大気環境の違い，それらの分野における技術の違いなどから，要求される知識分野にはある程度の差があるように思います。勿論，共通して必要とされる知識も多いのは当然ですが，これらの間の差異を少し整理してみます。

次ページに示します二つの表でおおよその違いを見ていただきたいと思います。ただし，これらの表も主観的な判断の入る部分もかなりありますし，相対的な表現でもありますので，その点はご了解をお願いします。

大きくまとめて言いますと，

1）　水質関係

どちらかと言うと，化学物質に関する知識およびそれらを分析することに関する知識がより多く必要と言えます。また，水処理には生物処理が大きな柱ですので，微生物に関する知識もある程度は必要でしょう。

2）　大気関係

どちらかと言うと，処理装置の機械的な，あるいは工学的な知識を要求される比率が，水質よりも多いことが特徴と言えるかと思います。

表１－１　環境一般および法律に関するおおまかな比較表（水質と大気）

知識分野	水質関係	大気関係
環境の一般知識	◎	◎
水質関係の一般環境知識	◎	△～○
大気関係の一般環境知識	△～○	◎
騒音・振動の一般環境知識	△～○	△～○
環境基本法に関する知識	◎	◎
公害防止管理者法に関する知識	◎	◎
水質汚濁防止法に関する知識	◎	△～○
大気汚染防止法に関する知識	△～○	◎
環境に関する国際条約等の知識	○	○
健康被害に関する知識	○	○

表１－２　学術的分野に関するおおまかな比較表（水質と大気）

知識分野	水質関係	大気関係
化学物質に関する知識	◎	○
モルの計算に関する知識	◎	◎
化学反応に関する知識	◎	◎
指数・対数計算に関する知識	◎	○
微分・積分に関する知識	△	△
機械に関する知識	○	◎
産業技術関係の知識	○	○
生物処理に関する知識	◎	×
化学分析に関する知識	◎	○

なお，記号は次のように表しています。

◎：かなり必要　　○：ある程度は必要

△～○：少し必要　　△：あまり必要でない

×：ほとんど必要でない

Q 3　高等学校（あるいは，文系の大学）しか出ていませんが，公害防止管理者の試験を受けられますか？また，独学以外に公害防止管理者の勉強をする方法があれば教えて下さい。

A. 公害防止管理者の国家試験を受験する資格としては，学歴や年齢などの制限は一切ありません。日本語がわかる人なら誰でも受けられます。

しかし，受験できることと合格できることは違いますね。ご質問が「高等学校の理科の勉強しかしていませんが，公害防止管理者の試験に合格できるでしょうか？」あるいは，「文系の大学を出ていて，理系の勉強からは高等学校以来かなり遠ざかっていますが大丈夫でしょうか？」という主旨と受け取って，端的にお答えを申し上げますと，「頑張れば大丈夫」ということになると思います。

確かに，公害防止管理者の試験の問題には，環境に関する一般知識を問う問題も出ますが，化学を中心とした理系の内容もかなり含まれています。

しかし，理系の大学に進んでいない方が合格できないということではありません。私は（科目合格制の導入以前に）工業高校時代に水質四種と一種に合格した人を知っています。一年に一つしか受けられない時代でしたので，彼は高校二年生で四種を取ったことになります。公害防止管理者試験は（変な言い方になりますが）知力というよりもむしろ馬力（ばりき）でよいので，そのような頑張り方で勉強していただけば，公害防止管理者の国家試験に合格できる可能性は十分あります。

公害防止管理者の国家試験では，高度な数式を駆使した問題はかなり少なく，実力問題でもほぼパターン化されているところもあり，また，知識を問われる問題では暗記科目という要素が多分にあります。計算問題も仮に理屈がわからなくても，パターンとして解き方を学習しておけば解ける問題もかなり多く出ます。馬力の頑張り，つまり，繰り返し反復することで合格水準の60％というレベルを余裕を持って超えるだけの問題を解くことも可能です。

もし，公害防止管理者に関する参考書や過去の問題を見られて，化学などについてある程度のまとまった学習が必要と感じられましたら，先に危険物取扱者試験（大学化学系出身者は甲種試験，その他の方は乙種１～６類の試験）を受けるという手もあります。まずは，やさしいところから自信をつけて，一歩ずつ階段を昇るということも賢い戦略の一つではないでしょうか。

また，全てを独学で学習される以外にも，次のような方法が考えられます。学習されるにあたって，一番望ましい環境は，湧いてきた疑問・質問にすぐに答えてくれる実力者が身近にいてくれることですが，そのような環境は，特に運の良い人はともかく，普通には望んでも得られないことが多いでしょうね。

１）講習会に参加する

多くの機関で，公害防止管理者の短期集中講座のようなものが開かれていますので，インターネットなどで探されて，その内容や会場，費用，時間などの条件を検討し，受講することも一つの方法と思います。ただ，短時間での集中講義が多いので，ご自分の理解につなげられる部分が十分ではないかも知れません。しかし，学習の仕方やヒント，目の付け所などを得られるだけでも効果はあろうかと思います。

２）通信教育を受ける

これもいくつかの機関で実施されているようですが，一般にテキストをもとに初めはほぼ独習に近い形で学習し，定期的に実力問題を解いて提出し，添削してもらう形が多いでしょう。学習の途中や実力問題を解く際に出た疑問・質問に対して答えてもらえるという利点もあります。完全独習よりは役に立つことも多いと思います。

３）専門学校に入学する

専門学校は，一般に二年通学制が多いので，時間とお金（授業料，時には生活費まで）が必要になりますから，必ずしも多くの方にお勧めはできませんが，中には通信制の専門学校もあります。時にスクーリングに学校へ行く必要もありますが，お勤めを続けながら学習される一つの有力な方法と言えるでしょう。

この方法のメリットは，直接に専門の先生に質問をぶつけることができたり，指導を受けることができたりするということです。時間とお金もかかりますが，効果は大きいでしょう。

Q４ 過去問の勉強は最良の学習法って本当ですか？

A. 過去問とは何か？

過去問とは，公害防止管理者の国家試験においてこれまでに出題された問題のことです。実は，長年実施されている多くの国家試験の問題では，それらの出題パターンは驚くほどよく似ています。まったく同じ問題こそないでしょうが，似通った問題はたいへんよく出題されています。

なぜ過去問はよく似ているのか？

なぜ過去問はよく似ているのでしょう？毎年の問題を同じ人が作っているかどうかは別としても，結構神経を使う大変なお仕事なのではないかと思います。出題ミスがないようにすることは勿論ですが，いろいろなことを考えるとどうしても問題の形は制限されてくるのではないかと思われます。例えば，公害防止管理者の問題で言えば，およそ次のような条件を満たす必要があると考えられるからです。

(1)　問題の水準

a) 合格させたいレベルの受験生に解けるものであること

b) 実務に必要な知識で解けるものであること

c) 基礎学力が検証できるものであること

(2)　選択肢を５つ用意して，その中で正解を１つだけ設定できること

(3)　平均約３分以内で正解が得られる問題であること

過去問の学習は最良の学習法

これまでに述べましたような理由で，どうしても過去問はよく似てくるのではないでしょうか。あるいは，似た問題が数年ごとに出題される形となっているようです。

従って，少なくとも 5 年，一般的には過去 10 年程度の問題の解き方を徹底的に研究することで，かなりの好成績が得られることでしょう。残念なことに，公害防止管理者の試験においては，公害総論と大規模大気特論，大規模水質特論は平成 18 年度からの新科目ですので，過去問の蓄積は少ないですが，それでも，これらの科目の一部は科目再編前にも出題されていましたので，それらも参考にされるとよいでしょう。

いずれにしても，過去問の学習は最も効率のよい学習法と言っても過言ではありません。

Q5　難しい問題の解き方を教えて下さい。

A. 難しい問題の解き方

難しい問題にもいろいろあろうかと思います。暗記していないとわからない問題は参考書などに戻って学習しなおす必要があるでしょう。また，一般に難しい内容が含まれる計算問題であっても，解き方のパターンを覚えることで（多少，邪道と言われるかも知れませんが），理屈がわからなくても，解けることがあると思います。

もし本当にきちんと解きたい計算問題があれば，ある程度計算練習などを積み，解き方を理解する必要があるでしょうね。

1）まず，問題を解いてみてわからない場合は，それを解説してある分野の参考書や教科書を参照して学習されることが一番大事であり，必要なことでしょう。

2）それでも難しいと感じる場合には，

①　その分野そのものが難しいと考えられる時は，その分野の基礎の本に戻って学習されることが望ましいと思います。

②　その分野はわかっているつもりでも，問題が解けない時や解き方がわからない時は，類題の解き方が書いてある本を研究して解き方を理解することも必要だろうと思います。

類題と言っても，まったく同じパターンの問題で数字だけが違うような問題はそう見つかるものではありませんが，同じ分野の問題なら，それらを学習されることでその分野の理解が深まり，解くべき問題の解き方もわかることが多いと思います。

3）計算問題を解く方法の一つを書いてみます。ただし，これは人によりますので，これも参考の一つとしてご自分の方法を作り上げられることをお勧めします。また，そんな面倒なことをしなくても解ける場合はわざわざそんな手順を踏まなくてもよいことは勿論です。

基本は，その分野の基本法則や基本原理を学習しておくことです。

① まず，問題文を大雑把に読んでみて，どんな分野の問題であるかを知ります。
② 次に，熟読します。問題文の一文ずつをしっかり読んで，それを図や表やイラストにして問題の内容を理解します。
③ その分野の基本法則や基本原理を思い出します。どんな分野にも基本的な事項はそんなに沢山はないでしょう。
④ 選択肢をよく見ます。選択肢に重要なヒントがあることが多いです。例えば，選択肢の単位を見れば計算方法がわかる場合もあります。
⑤ これらのことを総合して問題の解き方を考えます。

難しい問題の勉強のための本を教えて下さい。

化学関係の計算問題の練習には，例えば，次のような本はいかがでしょう。
「化学Ⅰ・Ⅱ計算の考え方解き方」 卜部 吉庸　著（文英堂）

Q 6　微分や積分がわからないのですが，公害防止管理者の受験はあきらめないといけませんか？

A. 微分や積分という分野は，数学でも少し難しいものになりますね。公害防止管理者の国家試験でも，ごくごく一部の科目ではこれらの力を必要とする問題も少しは出ることがあります。例えば，次のような科目に出題されることがあると思います。

[水質関係]

・水質概論：河川などにおけるBODの浄化作用

[大気関係]

・大気有害物質特論：ガス吸収技術

・大規模大気特論　：ばい煙の拡散

従って，これらの知識や理解があった方が早く問題が理解できたり解けたりする部分はあります。ただ，これを知らないと全く受験できないものでもありません。むしろ，そういう難しい問題は圧倒的に少数ですので，ご安心下さい。これまでの傾向として一年に１問あるかないかというところでしょう。

p 11でも述べていますように，問題全体の約60％の正答が得られれば合格です。それに対して，微分や積分を知らないと全く解けないという問題は非常に少ないです。知らなくても解けるものがほとんどです。ですから，ごく一部の問題を仮に解けなかったとしても，その他の問題で頑張って（得点を）稼ぐことが出来れば，微分や積分を知らない方，忘れてしまわれた方でも十分合格できます。

ただ，念のために，詳しいことは別として，少しだけ補足をしておきますと，

1）微分

微分とは，あるものが少しだけ変化した時に，それにともなって変わるものがどれだけ変化するのかという考えで作られた数学の一つの方法です。

2）積分

積分とは，微分の逆で少しずつ積算していった時，その量がどのようになるのかという計算の一つの方法です。

3）微分方程式

微分方程式とは，微分形式を含む式で作られた方程式を解くことによって，例えば，複数の量の間の関係がどのようになっているかを知るための非常に有益な方法で，物理や化学など多くの理系の分野でさまざまに使われている方法です。

これらだけでは，ほとんど詳しい内容はわからないと思いますが，繰り返しますように，これらの知識の必要な問題はごくごく少数（水質では，河川のBOD浄化理論などだけ，大気では，煙からの汚染の拡散などだけ）ですので，公害防止管理者の受験だけのためでしたら，これらを理解されなくても形式的な解法を覚えることで解くことや，他の部分で頑張っていただくことで合格できる可能性は十二分にあります。従って，公害防止管理者の国家試験までの間には特に微分や積分を学習されなくても大丈夫です。

Q７　法律というものになかなかなじめませんが，法律の勉強の仕方を教えて下さい。

A. 法律の文章は，わざとわかりにくく書かれているのではないかと思うほどわかりにくいですね。文章も長く，文中の区切りも沢山あって，どこからどこに意味がつながっているのかわかりにくいものが多いですね。特に，公害防止管理者の試験を受けようという，どちらかというと理系の方々にとって，法律はかなりなじみにくいものになっているように思いますね。

法律の学習の仕方も当然，人によって違うと思いますし，決まった形があるわけでもありませんが，比較的多くの人の意見として，共通の学習方法論について述べてみます。

1)　法律の第１条と第２条は暗記するくらいに徹底して学習しましょう。

一般に法律では，第１条でその法律の目的，第２条でその法律で使われる用語の定義が書かれています。この部分は非常に重要で，出題されやすいところです。一語一語確認しておきましょう。例えば，「理念」と「概念」などよく似ている言葉であっても，その法律ではどの用語が使われているかを正確に把握しておきましょう。

2)　その法律の構成を系統樹として捉え，法体系を理解しましょう。

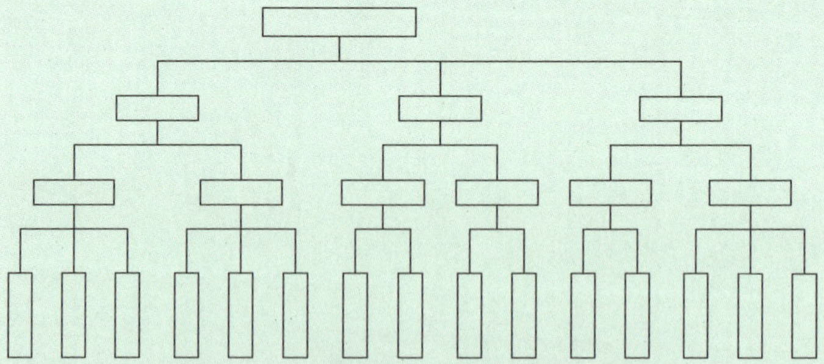

図１−１　系統樹として見た法律の体系

系統樹とは，図１−１のような形で表現されたもので，体系を把握するのに適しています。このように理解することで，その法律が，どのような大きな幹

（柱）からできていて，その幹に中枝，小枝がどのように関係しているかを全体として把握することが出来ます。

3） 5W1Hとして理解しましょう。

5W1Hとは，誰が（who）何を（what）いつ（when）どこで（where）なぜ（why）どのように（how）ということでしたね。ですから，その法律上の行為，例えば，お役所に届出をする場合について，誰が，何を，どのお役所（大臣，知事，市町村長など）に，いつまでに，なぜ，どのように，届け出ればよいのか，という風に把握することが理解に役立ちます。

4） 問題意識を持って法律の条文を読みましょう。

法律の条文は，先にも述べましたように，そのまま初めから順番に読んでいって内容を理解しようとすると，これほど読みにくい文章はありません。何を書いているのか非常につかみにくいものです。

逆に，いわゆる過去問を解いてみて選択肢を絞り切れない時や，二つか三つの立場のうちどれが正しい立場かわからない場合など，それを解決するためにという問題意識を持ちながら関係すると思われる法律の条文を読んでみると，条文の意味がわかりやすくなることが多いと思います。そのようにして法律を読まれることをお勧めします。

5） 法律の最新の条文を手に入れるには，次のようにしましょう。

近年では非常に便利になっていて，インターネットのホームページ「法令データ提供システム（http://law.e-gov.go.jp/cgi-bin/idxsearch.cgi）」から最新の条文が手に入ります。以前は書物に頼っていましたので，改訂される度に買わなければならない（実際にはそんなに買えませんが）という不便さがありました。

Q 8　公害防止管理者の勉強はいつ頃から始めるのがいいのでしょう？

A.　勉強を始めるのにいい時期というものはあるのでしょうか。よく言われますように，「学ぶのに遅いということはない」とか，「勉強する気になった時が，勉強を始めるのに一番いい時期だ」ということだと思います。せっかく，勉強する気持ちがあっても，「試験の半年前から始めるのが良いらしいから，今はやめておこう」などと思っていると，半年前になった時に勉強する気持ちが残っているかどうか疑問です。試験日と勉強開始時点との期間にはいろいろな長さがあっても，決して長すぎることはありません。続けていくうちに油が乗ってくることもあります。期間が長い場合には「細く長く」でもよいのですから，コツコツと続けることが大事です。

特に，公害防止管理者の試験の合格発表が毎年12月にありますが，一度受験されて不首尾であった時に，「まだ1月だから，まだ始めなくてもいいだろう」と思っているうちに日にちはどんどん経ってしまいます。12月から翌年の試験日（10月）までは一年もないのです。不首尾であった時，「来年のために，今から頑張ろう」という気持ちが大切です。試験までの期間が長い場合には実力を養成する学習を，試験が近づいてきたら暗記型の科目を重点的に学習するなどのメリハリをつけて学習しましょう。

試験まで1年以上の期間がある場合

人によって違いますが，この場合には，長い間少しずつ学習していかれることがよいでしょう。一日10分でも良いですから，特別な事情のある場合を除いて，途中でやめたり休んだりしないで続けられれば，かなりの実力がつきます。通勤や通学の電車の中でも良いですし，寝る前の短い時間でもいいです。とにかく毎日同じパターンで取れる時間に毎日続けることが大切です。本は，学習書でも問題集でも結構です。自分が気に入った本（一冊あるいは二冊程度）を繰り返し学習することで，しっかりした力がつくことでしょう。

科目ごとに学習計画を立てて，実力養成期間を前半に取り，暗記型の科目を後半に取りましょう。だからといって，前半に暗記型の科目を何もしないのではなくて，前半にも一通り学習して内容はつかんでおいて，後半には暗記するための時間として利用するなど，あまりブランクを空けないための工夫も必要でしょう。実力科目も，前半に実力をつける学習を，後半には実戦的に問題を解く練習をするなどのメリハリを工夫しましょう。

試験まで半年程度の期間がある場合

半年でも学習期間としては十分です。半年の間コツコツと日々欠かさず，毎日短い時間でも続けられれば実力は確実に身につきます。やはり，学習書でも問題集でも構いません。同じ本を始めから終わりまで通して学習することを少なくとも３回以上繰り返せば，相当な力がつきます。始めの回は通読し，２回目は問題を解きながら，３回目は精読するなどと，勉強の内容に工夫を加えて続けられることもよい方法だと思います。

試験まで３ヶ月程度の期間がある場合

３ヶ月あれば決して短すぎることはありません。そのかわり（それまでにお持ちの実力によっても違ってきますが），かなりハードな学習が必要にはなるでしょう。３ヶ月の間，本当にキッチリとミッチリと学習されれば，実力は相当についてきます。この場合は，問題付きの学習書でも結構ですが，できれば本番の試験に近い問題を集めた問題集などがよいでしょう。一冊の問題集を始めから終わりまで繰り返し学習しましょう。まず，どんな問題が出るのかを通読します。実際に毎年かなり似た問題が出ています。次に読む時は問題の答えを考えながら，必ず考えた後で正解と照らし合わせます。更にその次の学習では解説を熟読します。試験直前にはもう一度問題を解きながら読みます。このように何度も学習される際に，その時の重点学習方針を変化させて取り組まれれば，飽きることを防ぎつつも自然に内容が身につくことになるでしょう。場合によっては（多少，邪道と言われるかも知れませんが），理屈がわからなくても覚えて解けるようになる問題も増やしましょう。

少しの時間も惜しんで問題文を読むこと，解説を読むこと，正解と照らし合わせることなどをこまめに続けることが必要です。このような作業を何度も何度も繰り返しましょう。試験は約60％できればよいのです。頑張りましょう。

Q 9　勉強する気持ちを長続きさせるにはどうしたらいいのでしょう？

A. これはなかなか難しいテーマですね。人間はどうしても，楽な方に流れやすい動物です。どんな大学者でも，いざ机に向かうという時には抵抗があるものらしいです。そういう抵抗に打ち勝って勉強を続けることはほんとうに大変なことです。しかしながら，そういう抵抗感があるのは当たり前としつつも，工夫によってそれに打ち勝っていくことを多くの方がなされていると思います。

気持ちを楽にすることが大切です。人間あまり硬い気持ちになると勉強の効率も上がりません。それは次のような例からもうかがえます。食事をする時に楽しく食べた方が，唾液もよく出て胃腸での消化がよくなるというデータがあり，それによると，しかめっ面をしたり，泣きながら食事をすると，消化も悪くなるのだそうです。そのあたりは，勉強も同じなのではないでしょうか。

楽しく勉強すること

ことわざの「好きこそものの上手(じょうず)なれ」ではありませんが，一番良いのは楽しく勉強できることです。そうすると勉強内容の消化もよくなり学習が非常にはかどります。しかし，たいていの場合，勉強はそれほど楽しいものではありませんね。それを何とか楽しくする工夫をしてみましょう。「この勉強は楽しいんだ」と自分に何度も言い聞かせることで自己暗示を掛けてみましょう。それで少しでも気持ちが楽になれば，それなりの効果は上がるのではないかと思います。

ご褒美(ほうび)方式

でも，それもなかなか…という人が多いと思います。別の方法として，「あと 3問解けたら，買っておいたおいしいケーキを食べよう」というように別な楽しみを用意することも良いのではないかと思います。これなどは特に女性に効果があるかも知れませんね。いや，男性でも似たような工夫がありうるかも知れません。「よしっ，この問題が解けたら，冷やしてあるビールを飲もう」

ということもあるのではないでしょうか。

大言壮語方式

何か難しそうな言葉ですね。これも勉強の努力を続けるための一つの工夫です。「大言壮語（たいげんそうご）」というのは，人前で大きなことを言うことです。つまり，「俺は次の試験で公害防止管理者試験に合格するんだ」とか「私は来年公害防止管理者の資格を取るからね」と大勢の前で宣言するのです。

そうすると，みんなの前で言ってしまった手前，合格しなければいけないことになります。そのことが勉強を続ける推進力になってくれます。つまり，自分をそういう状態に追い込むために，みんなの前で宣言するのです。でもこれができる人はなかなかの大物ですね。しかし，自分は大物ではないと思っていても，「大物になる」ためにこういうことをやってみるというのもいいのではないでしょうか。もともと大物でなかったとしても，意識的に大物らしく振舞うことによって，大物になっていくということです。「まず，形から入れ」と言われることの意味が何となくわかったような気がしますね。

Q 10　公害防止管理者の勉強をするためには，どんな本をどのくらい買えばいいのですか？

A. 本について

勉強するための本はあまり多くない方がいいと思います。極端に言えば一冊でも，それを繰り返し繰り返し学習すれば十分合格できます。学習書といわれるものでも，問題集であっても，どちらでも一冊を何回も学習すれば十分合格の実力がつきます。学習書にもたいていはかなりの数の問題が載っています。

しかし，「一冊では不安だ」という方もおられると思います。その場合は，学習書一冊とよく出る問題の詰まった問題集一冊との組み合わせがよいでしょう。問題集でわからない点やもっと詳しく知りたい点などを，学習書で調べるなどという風に両者を連携させて学習されることが効果的であろうと思います。

どんな参考書がいいのでしょうか？

公害防止管理者に関しては，現在，本屋さんの店頭にはかなり多くの出版社から相当数の学習書や問題集が出されています。しかし，それらの本のレベルはほとんど同じくらいであると言ってもいいと思います。あとは学習しようという方が，自分の感性で，つまり，店頭でパラパラとご覧になって，「見た目」で選んでいただいてよいのではないでしょうか。後は，その選ばれた本ととことん付き合うことが重要です。極端に言えば，どの本でも自分が第一印象で気に入った本を十分繰り返し学習することが合格への近道と言えるでしょう。

そうは言っても，沢山ある本の中からどれを選べばよいか，迷う方も多いかと思います。やはり勉強しやすい本とは，詳細な図解や，イラストが多い本ではないでしょうか。人間は，文字だけから情報を得ることにはかなりのエネルギーを使うため，文字ばかりの本だと勉強が長続きしにくく感じるかもしれませんし，頭もとても疲れます。イメージ的，視覚的に情報をとらえる方が頭にスッと入りやすいものです。そういう意味では，図表の多い本が勉強には向いていると思われます。疲れた時のために息抜きの話題などが提供されている本もよいでしょう。

「新・公害防止の技術と法規」

「新・公害防止の技術と法規」という本が，大気関係（粉じん関係を含む），水質関係，ダイオキシン類関係，騒音・振動関係など，それぞれの公害防止管理者の区分ごとに出ています。この本は，試験の実施団体（社団法人 産業環境管理協会）から出ている本です。かなり詳しく書かれており，試験の範囲を網羅していると言えるでしょう。試験問題もほぼこの本から出ていると言ってもよいかと思います。

ただ，この本は専門家が専門家として普通に書いている本のように思います。一般の人に読みやすいようには工夫されておりません。加えて，値段もかなりしますし，分厚くて（私たちは「電話帳」と呼んでいます）初めて学ぶには骨が折れますし，演習問題もありません。内容が詳し過ぎて学習しづらいという感じがします。

それらの点を承知で学習される方にはおすすめです。公害防止の実務に就かれた際にも，便覧などとしてかなり役に立ちます。ただ，学習方法を確立しておられる方を除けば，学びやすさという点からはあまりおすすめできません。自分の印象で「学びやすい」と思われる学習書などを使いこなすことが，一般的にはよろしいかと思います。

環境白書

公害総論をはじめとして，水質関係の水質概論や，大気関係の大気概論のための知識として，環境省から出されている環境白書（最近は「環境・循環型社会白書」になっています）は読んでおかれると役に立つことが多く書かれていると思います。毎年出版されていますので，それらを全て購入することはたいへんですが，環境省のホームページで閲覧ができます。

http://www.env.go.jp/policy/hakusyo/

Q 11　ひとりで勉強していてわからないことが出てくるとなかなか先に進めません。そんな時，どうしたらいいのでしょう？

A. よくある悩みですね。一番良いのは，気軽に質問できてすぐに答えてくれる人が近くにいることですが，ほとんどの人はそんな理想的な環境にはいないものですよね。そんな時には，どうすれば良いか，参考になりそうなことを挙げてみますので，いろいろ工夫をしてみて下さい。

1)　わからない点を飛ばして先に進む

たいていの国家試験は60％の正答率で合格です。公害防止管理者も例外ではありません。ですから，３問中２問，いや５問中３問わかればいいのだと考えて，一生懸命考えてわからない問題があっても，それが少しなら良いのだと割り切ります。そして，次に進みます。

2)　インターネットで質問に答えてくれるサイトに聞いてみる

この方法は，インターネットを利用できる環境にある人に限られますが，近頃ではかなりいろいろなインターネットのホームページ（サイト）が開かれています。普段から探しておけば，質問や悩みに詳しくあるいは親切に答えてくれるものも見つかります。近年加入人口が急激に増えているSNS（ソーシャル・ネットワーキング・システム）などの中にも，公害防止管理者やその他のコミュニティがあって繁盛しているものもあるようです。

これらを一度調べておくことも一つではないでしょうか。

3)　気分転換に別な資格や科目に取り組む

別の見地からの一般論ですが，人は一つのことでつまずくと，しばらく元気がなくなってしまうことがあります。そういうことを少しでも防ぐための一つの方法として，別な分野の資格に取り組む，つまり，最初から同時に二つの資格に挑戦するというやり方もあります。一つが嫌になったら，もう一つの資格の勉強に切り替えます。例えば，公害防止管理者と漢字検定の二つでそういうことをしてみるということです。

「二つの別な分野を勉強するなんて大変で考えられない」という方には，公害防止管理者の大気と水質の二つという手もあります。「そんなことも，とてもとても…」という方でしたら，公害防止管理者の大気の中の２科目，あるいは，水質の中の２科目という手はどうでしょうか。これなら，いずれやらなければならない科目ですから，数科目ある中から同時並行で２科目を進めます。その中でも「法律」と「分析」の二つ，あるいは，「環境問題の歴史」と「大規模特論」など，できるだけ分野を離す工夫をしたりしてはいかがでしょうか。

一つの勉強で行き詰まった時にその行き詰まりをしばらく忘れて，もう一つの方を学習することで気持ちを切り替えます。そちらが行き詰まったら，気持ちを新たにして，しばらく忘れていた方に取り組みます。

Q 12　試験前に，また，試験に臨んで気をつけるべきことはどんなことですか？

A. 受験前の心構え

公害防止管理者の試験を受けると決めたら，できるだけ計画的に学習しましょう。特に，自分の弱点分野をどのように学習するかを計画して頑張って実行しましょう。苦手な分野はなんとなく勉強がイヤになりがちですが，そこを何とか自分を励ましながら努力しましょう。

通例では毎年７月が出願時期です。受験申込を忘れないようにしましょう。年に一回しかチャンスがありませんので，これを逃すと一年あとになってしまいます。受験願書は，全国約９ヶ所の経済産業局等で入手できます。勿論，郵送してもらうこともできます。

出願にあたって必要になるものは，受験願書，収入印紙（受験料を納めるためです），写真，郵便切手などです。

試験科目の一部を免除される場合（科目合格された場合）は，既に合格された科目の合格証の写しが必要です。

試験直前に

受験に必要なものを忘れないように，できればチェックリストを作って，それをチェックする形で忘れることのないように気をつけましょう。

あらかじめ，試験会場などを下調べしておきましょう。近距離の場合は下見をしたり，遠距離の場合はインターネットなどで周辺の地図を手に入れる等の準備もしておきましょう。

試験直前の生活において，できるだけお酒の席を遠慮したり，風邪を引かないように気をつけるといった注意も大切です。

当日の心構え

受験の当日は送付された受験票を忘れないようにしましょう。また，試験会場には，少なくとも30分前には到着するように出発しましょう。早めに自分の席を確認しておきましょう。当然ですが，あらかじめ用便などもすませておきましょう。

試験において

まずは，落ち着いて深呼吸をしましょう。受験番号と名前を書きましょう。そして，「全部できなくてもよいのだ。60% でよいのだ」と自分に言い聞かせましょう。

全部できなくても，
60%でいいのだと思うと，
なんか気が楽になってきた。

問題は少なくとも2回は読みましょう。

公害防止管理者の試験時間は科目ごとの問題数に応じて，35分～90分です。1問あたりに使ってもよい時間は，3.0分～3.5分です。勿論，全ての問題がこの時間で解けるわけではありませんね。問題を読んだだけですぐに解答できる問題と，考えたり解いたりするのにどうしても時間のかかる問題とがあります。ですから，すぐに解ける問題をさっさと解いて，時間を要する問題に時間を残すことが大切です。順番に解いていくことが出来ればそれもよいのですが，臨機応変（その場その場で状況に応じて短時間に適確な判断をして対応すること）に解いていきながら，時間をかけたい問題のために時間を確保しましょう。ここで，順番に解かない場合，どの問題が未着手で，どれが既に解いているのかを自分でわかる目印などを決めておくことも一つの工夫だと思います。

ご健闘をお祈りしております。

喫茶室

里地里山文化

里地里山という言葉を既に多くの方がご存知と思います。日本が，縄文時代からの豊かな自然の中で，自然と融合して暮らす方法を作ってきた一方，世界の多くの国は，人口の増加によって森を切り拓いて畑にし，畑から作物を取れるだけ取って，十分に栄養を補給せずに荒地にしてしまうような自然との関わり方をしてきたようです。

近年では日本においても自然破壊が心配される状況ですが，自然環境に配慮した施策等の実施により，生物多様性が維持され，これからも自然の恵みが受けられるように里地里山を大事にしたいものですね。ちなみに，里地だけではなくて，里海，里湖，里浜といったものもあるようです。

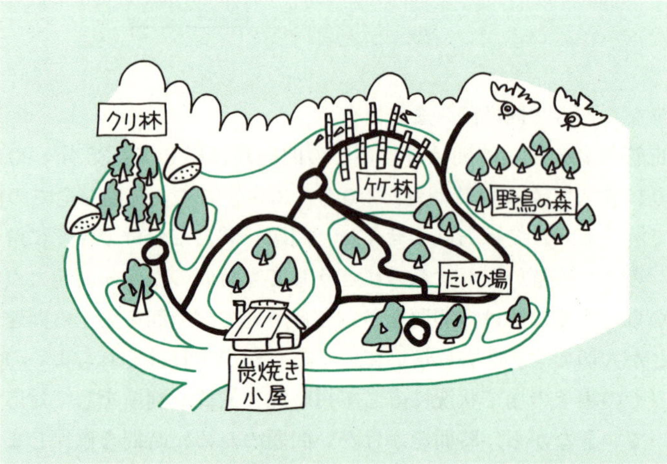

第 2 編

大気関係・水質関係の共通事項

はじめに

この編では，公害防止管理者の大気関係や水質関係のそれぞれの区分に共通する分野で，化学や分析の基礎事項についての疑問や質問にお答えします。

このあたりも，はじめは寝転んで斜め読みしていただいて結構です。

Q 1　化学物質の書き方には多くの表記法がありますが，ベンゼン環の中心から棒が出ている分子式はどういう意味なのですか？また，分子名の前に，3,3´−や，*p*−その他，*n*−と付くものがありますが，これらはどういうことを意味しているのですか？

A. 化学記号

化学式には確かにいろいろなものがありますね。水素のＨや，ヘリウムのHeから始まって，食塩である塩化ナトリウムはNaClですし，塩酸（塩化水素）のHClなどはまだ単純な範囲ですね。原子の種類が多い分子になるとだんだんと複雑になってきます。分子をどういうレベルで見るか，ということによっても表現が違ってきます。アンモニアは単にNH_3と書くこともありますし，結合を明示して右図のように書くこともあります。

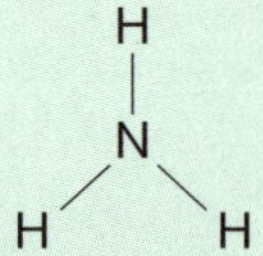

図２−１　アンモニア分子

有機化合物になると，もっと複雑になりますね。炭素と水素だけからできている分子でもたくさんの種類がありますので，結合の状態を示さないとならないものも多くなります。

２種類のブタン

例えば，ブタンという炭化水素があります。C_4H_{10}という化合物ですが，右図のように２種類の異性体（同じものでできているのに，結合の仕方の違いで別な分子になるもの）がありますので，直鎖状の（炭素が一列に結合している）ものにノルマル（*n*−），枝分かれしているものにイソ（*i*−）という接

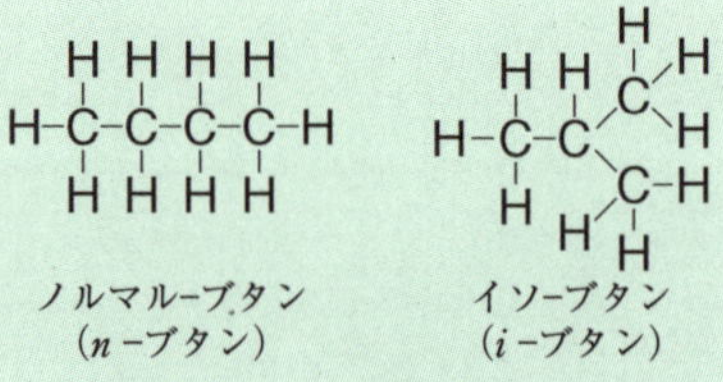

図２−２　２種類のブタン

頭語を付けて区別しています。

ベンゼンとその誘導体

ベンゼンの単純な書き方は次の図の(A)ですが，その他にも図の(B)～(E)のようないろいろな書き方もあります。これらは，すべてベンゼンを意味していますが，その時の立場によって炭素や水素を書いたり書かなかったりします。

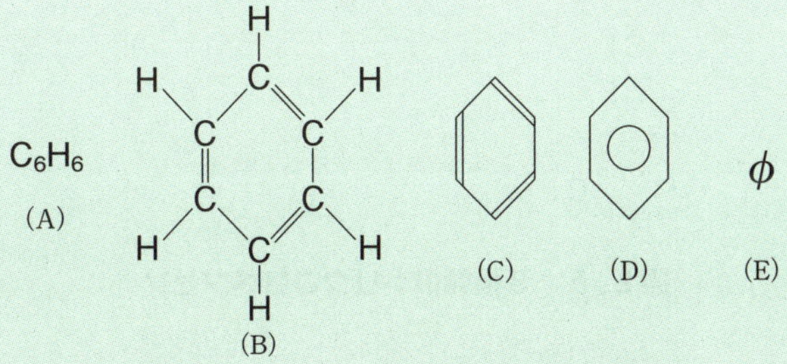

図２－３　ベンゼン分子の多くの表現

このベンゼンに他の原子や原子団が結合しますと，それに応じて詳しく書く必要も出てきます。ベンゼンに塩素原子が一つだけ結合したクロロベンゼン（あるいは，クロルベンゼン，モノクロルベンゼンなどとも言いますが）は１種類しかありませんので，あまり表記法に問題はありませんが，塩素原子が２つ結合したジクロロベンゼンには次のように３種類の異性体があって，
オルト－（*o*－），メター（*m*－），パラ－（*p*－）という接頭語が付きます。

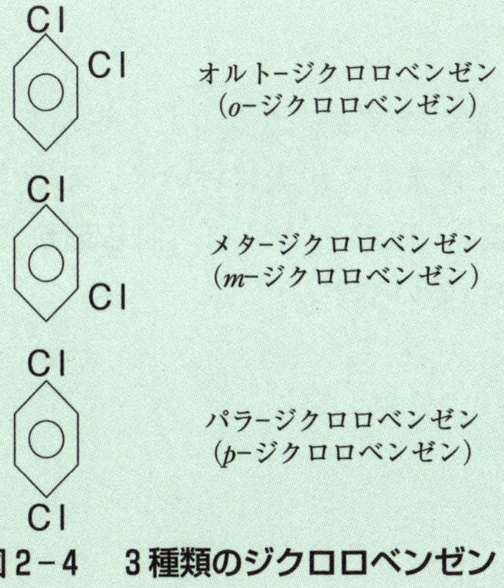

図２－４　３種類のジクロロベンゼン

また，塩素原子が３つ結合したトリクロロベンゼンには次のような３種の異性体があります。

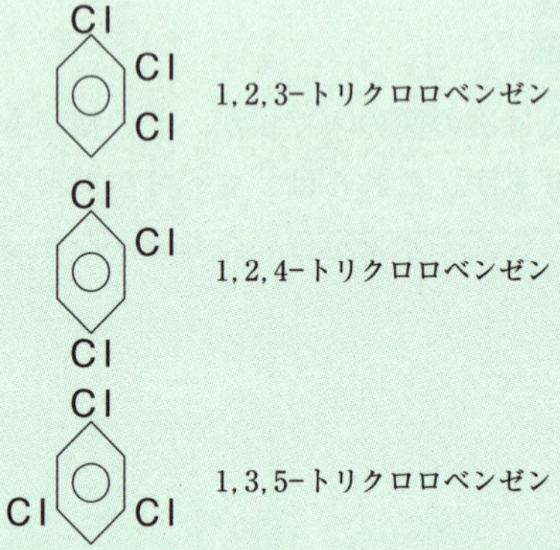

図２−５　３種類のトリクロロベンゼン

２，４，６−トリクロロベンゼンなどもあるのではないかと思いたくなりますが，これは実は１，３，５−トリクロロベンゼンと同じものになります。その場合は，数字の若い方を採用することになっています。

これらのようにベンゼン環に多数の塩素が結合するものをまとめて右図のように書くこともあります。かなりたくさんの種類の分子を１つの図で書いてしまったものになっていますね。

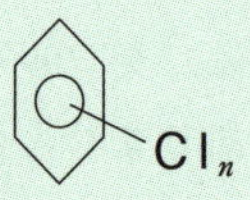

ダイオキシン類

上のような書き方を使いますと，かなりたくさんあるダイオキシン類が次の３つの図で表すことができます。炭素に付いている数字は，そこに付くべき塩素を示すためのものです。PCB のように，同じ形が二つある場合には，一方に´（ダッシュ）がついています。

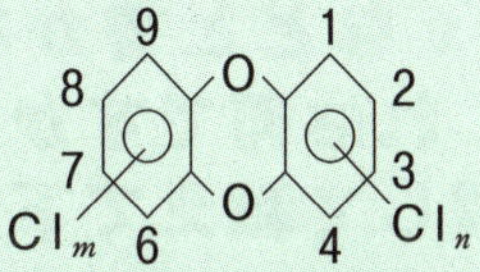

ポリクロロジベンゾ-パラ-ジオキシン
(PCDDs)

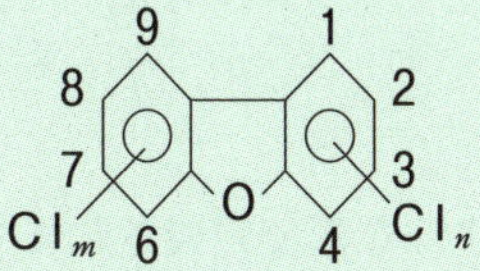

ポリクロロジベンゾフラン
(PCDFs)

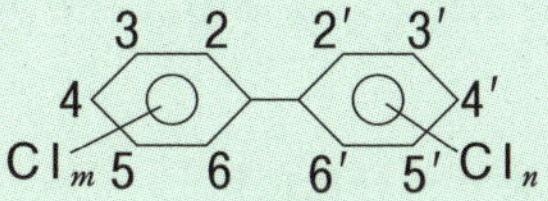

コプラナーポリクロロビフェニル
（コプラナーPCB）

図2－6　ダイオキシン類の3分類

【問題】　次に示す化学構造式とその化合物名の組合せにおいて正しいものはどれか。

1．
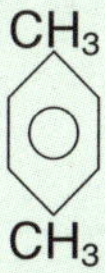
メタキシレン

2．
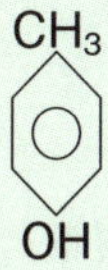
パラフェノール

3．
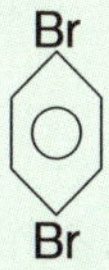
メタジブロモベンゼン

4．
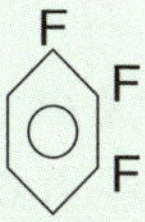
2,3,4-トリフルオロベンゼン

5．
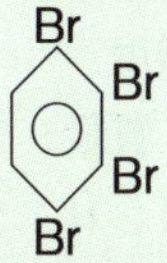
1,2,3,4-テトラブロモベンゼン

解説

肢1と肢3はメチル基や臭素が一番離れているのでパラですね。肢2はパラでよいのですが，フェノールではなくてパラクレゾールです。肢4は数字の若い表示として，1，2，3-であるべきですね。肢5は正しい名称となっています。

正解　5

Q2　濃度の単位に w/v などと書かれたものがありますが，これは何ですか？濃度の単位を整理して教えて下さい。

A. 濃度の単位

濃度の単位は，基本的に次のような形で定義されます。つまり，対象とする物質の濃度は，その物質の量を全体で割ったものだからですね。

$$\text{物質の濃度} = \frac{\text{溶質の量（質量または体積）}}{\text{溶媒または溶液の量（質量または体積）}}$$

その表し方には，次のようにかなり多くの種類があります。

1）百分率濃度

いわゆるパーセント（百分率）で表すものですが，これにもいくつかの種類があります。

a）重量/重量濃度

対象物質も全体もそれぞれ重量（質量）で表すものです。

w/w%，%（w/w）などと書かれます。

b）重量/容積(体積)濃度

対象物質は重量（質量）ですが，全体は体積で表すものです。一般にサンプルは体積で採取され，分析対象物質は質量で求められる水質分析などで多く用いられます。w/v%，%（w/v）などと書かれます。

c）容積(体積)/容積(体積)濃度

対象物質も全体もそれぞれ容積（体積）で表すものです。

v/v%，%（v/v）などです。

2）モル濃度

溶液 1 L＝1, 000 mL 中に含まれる溶質の物質量（mol）です。単位は，mol/L，mol/dm^3，mol·dm^{-3} などです。L と dm^3 とは同じ単位ですので，これらの濃度の単位は同じものですね。ℓ よりはＬが推奨されています。

3）重量モル濃度

溶媒1 kg＝1,000 g中に含まれる溶質の物質量（mol）で単位はmol/kgです。

4）式量濃度

あまり多くは用いられませんが，溶液1 L中に含まれる溶質のグラム式量（formol）で，formol/Lです。

5）百万分率濃度，十億分率濃度，一兆分率濃度，千兆分率濃度

低濃度の物質の濃度として，環境問題でよく出てきますね。

a）百万分率濃度：ppm　　b）十億分率濃度：ppb
c）一兆分率濃度：ppt　　d）千兆分率濃度：ppq

百分率濃度と同様に，w/w，w/v，v/vの区分があります。w/wppm，ppm（v/v）などと書きます。

6）規定度

溶液1 L＝1,000 mL中に含まれる溶質の量を（モルではなくて）価数換算して表すものですが，最近では使われなくなりました。

濃度の単位間の換算

各種濃度の単位の間での換算については，それなりに練習をしておいていただきたいと思います。とくに，モルに関する換算は水質でも大気でも重要です。

1）質量（gなど）と物質量（mol）

分子量を換算係数と思って換算します。分子量は単位を付けない慣例ですが，あえて付けますと［g/mol］（モル質量）となります。水の分子量は18ですので，18［g/mol］と考えて，その36 gは2 molと換算します。

2）標準状態の気体の体積（m^3_N，L_N）と物質量（mol）

m^3_Nなどの下付き添え字Nは，標準状態（p48参照）という意味です。1 molの気体は（理想気体を前提として）常に，標準状態で22.4 Lでしたね。

$22.4\ L_N/mol = 22.4\ m^3_N/kmol$

Q３ 気体の状態方程式とはどんなものですか？教えて下さい。

A. 気体の圧力と体積に関する式です。気体ですから大気関係の方には当然必要ですが，水質関係の方も，例えば，生物処理をして発生する気体の体積などを求める際に必要になります。

理想気体の状態方程式

理想気体とは，気体の分子には大きさがないということと，分子どうしがお互いに影響しないという仮定が成り立つものを言います。そのような気体に対して，温度 T［K］，圧力 P［Pa］の時の n モルの気体の体積を V［m^3］としますと，次の式が成り立ちます。

$PV=nRT$　　{R は気体定数で，8.314 J/(mol·K)}

この式によって，温度や圧力が変化した気体の体積などを計算できます。また，標準状態と言われる０℃（273 K）で１気圧（101.3 Pa）に換算した体積で気体を比較することができます。この式の応用問題は非常によく出ますので，いろいろな角度からこの式を使う練習をしておいて下さい。

実例で考えてみましょう。

【例題】次のⒶとⒷでは，どちらの方が空気は多いでしょう。
Ⓐ　100℃，10 気圧で，100 L（リットル）の空気
Ⓑ　50℃，20 気圧で，50 L の空気

【解】 単純に，100 L の方が 50 L より多いと考えてはいけませんね。気体というものは，温度や圧力で体積が大きく変わるものなのですから。

ここでは，空気が理想気体と仮定して（つまり，近似して，ということですが）その状態方程式を使いましょう。空気のモル数を比較すればよいので，モル数 n を求める式を作ります。ここに，atm は気圧の意味です。

(A)　$\dfrac{10\ \mathrm{atm}\times 100\ \mathrm{L}}{R\times(100+273)K}$

(B)　$\dfrac{20\ \mathrm{atm}\times 50\ \mathrm{L}}{R\times(50+273)K}$

これらの二つの式を比較しますと，最後まで計算するまでもなく，分子どうしが等しいので，分母を比べればよいことがわかりますね。ですから，分母の小さい(B)の方が数値は大きくなります。正解は，(B)です。

この例題では，二つの比較をするだけでしたが，多くのものを比較する場合には，一つの状態に換算して比較すると便利ですね。そのために，標準状態（０℃，１気圧）がよく使われます。

例えば，公害防止管理者の分野において，大気汚染防止のために煙突からの排出量を標準状態に直して計算し，許容される環境基準を守っているかどうかが判定されます。

Q４　公定分析法とは何ですか？また，その分析法を全部覚えなければなりませんか？

A. 公定分析法

公定分析法とは，国で定められた分析方法のことです。環境関係の試料（サンプル）のことを環境試料と言いますが，この試料について環境法上必要な分析項目が定められており，その項目をどのような方法で分析するべきなのかを国が定めているのです。それには，環境庁告示，あるいは環境省告示およびJIS（日本工業規格）とがあります。環境庁の時代に告示されたものは，現在でも「環境庁告示」と呼んでいます。

専門家が分析すれば誰でも同様の結果が得られるように，それぞれの項目について，分析の方法や手順，使用試薬の水準まで，こと細かに決められています。

公害防止管理者の国家試験において

公定分析法を，公害防止管理者の国家試験のために全部覚えることは全く必要ありませんし，また，覚えられるものでもありません。皆さんが，将来において分析の実務をされる場合や，公害防止管理者としての職務を行われる際に必要であれば，国が定めたJISなどの分析方法について，書類を読んで正しい操作方法を理解されさえすれば十分なのです。

JISの分析法が詳しく書かれている本を教えて下さい。

JIS（日本工業規格）はそれこそJISという本に載っていますが，これは多数の分冊になっていて，量が多すぎて手に入れるのが大変です。比較的要領よくコンパクトにJISの分析手順をまとめてある本として，次のようなものがよいでしょう。

・日本規格協会「JIS使い方シリーズ　詳解工場排水試験方法」
・同協会「同シリーズ　化学分析の基礎と実際」

Q４：公定分析法とは何ですか？また，分析法を全部覚えなければなりませんか？

ぼくは
肯定分析法だ
そうか，君は
「偉大なるイエスマン」
だな（笑）

Q５　分析で使われる検量線とはどんなものなのでしょうか？

A.　検量線は分析ではよく使われますね。測定したい濃度が直接測れない場合，濃度と一定の関係にある別の量（主に物理量）を測定して，検量線によって濃度を決定する手続きが取られます。例えば，濃度を測定したいのに，測定できるのは電気伝導度であったりします。検量線の例を図に示します。

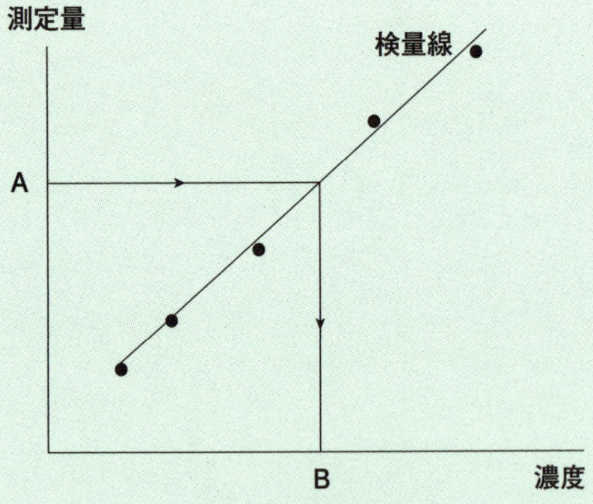

図２−７　検量線

普通は，測定量と濃度との間に直線関係が成り立つ場合が多いですが，時には曲線の関係であることもあります。曲線の関係の場合であっても，狭い範囲では直線と見なせるということで直線として扱うこともあります。図では，濃度のわかった数点の溶液について，その量を測定してプロット（グラフに点を書くことです）して，それらの点を通る直線，あるいは，これらの点から求められる最も確からしい直線を引きます。この線引きは以前は手で引いていましたが（人間の眼は結構正確です），最近ではデータから計算してその直線を引きます。その計算法を最小二乗法（自乗法）と言います。濃度分析のための，この線を検量線と言います。検量線が引けますと，次に測定したい実液の量を測定して，その値が図中のＡになったとしますと，図の矢印のように線をたどって濃度Ｂを求めます。勿論，検量線のデータをコンピュータに入れておいて計算で濃度Ｂを求めることも多いでしょう。

検量線を求める最小二乗法において，相関係数 r（計算の便宜上，r^2 で表示されることも多いです）が同時に求められます。r の値によって検量線を求める測定の測定精度が議論されます。

$r=1$ の場合は，検量線のためのデータが完全に一直線になる場合です。測定精度が最高に良いことを示しますが，まず通常はありません。

$r=0.999$ を超える場合，９が３個ありますので，スリーナインと呼んでかなり精度が良いことになります。当然，フォーナインの方がより高精度で，そのくらいになると「プロ級」と自慢されてもよいでしょう。

Q６ 容量分析法とは，どのような分析法を言うのですか？その中の主な分析法についても教えて下さい。

A. 水溶液中の化学反応を利用して化学種を定性（化学種が何であるかを決めることです），あるいは，定量（化学種の量・濃度を決めること）分析を行うことを**湿式化学分析法**と言います。その中にも次の二つがあります。

１）**容量分析法**：体積の測定に基づく分析法です。

２）**重量分析法**：質量の測定に基づく分析法です。

容量分析法

容量分析法のほとんどは，実際には**滴定分析法**と呼ばれるものとなっています。つまり，定量されるべき物質Ａの未知濃度溶液に，その物質と定量的に（一定比率で）反応する適切な試薬Ｂの既知濃度溶液を加えて反応させ，その反応当量点（反応比率相当点）を見出す操作が滴定と呼ばれる操作です。その当量点におけるＡとＢの容積とＢの濃度からＡの濃度を計算で求めることになります。

【例】 Ａの m_A モルとＢの m_B モルとがちょうど反応するような場合，Ａの V_A［mL］とＢの V_B［mL］とで当量になったことがわかれば，Ｂの既知濃度 x_B［mol/L］に対して，Ａの濃度 x_A［mol/L］は次の式から求められます。

$$\frac{x_A V_A}{m_A} = \frac{x_B V_B}{m_B}$$

より，次のようになります。

$$x_A = \frac{m_A V_B}{m_B V_A} x_B$$

いきなり，この式を出されても迷われるかと思いますので，わかりやすくするために，水酸化カルシウム溶液をりん酸標準溶液で滴定する場合を考えます。「迷った時は具体例で」という原則です。反応式は，

$$3\,Ca(OH)_2 + 2\,H_3PO_4 \rightarrow Ca_3(PO_4)_2 + 6\,H_2O$$

つまり，$Ca(OH)_2$ が3モルと，H_3PO_4 が2モルで当量ですので，$Ca(OH)_2$ のモル量 x_AV_A，H_3PO_4 のモル量 x_BV_B について，次の比例式が成立します。

$$x_AV_A : x_BV_B = 3 : 2 = m_A : m_B$$

これを整理すれば，

$$x_A = \frac{m_AV_B}{m_BV_A}x_B$$

となります。ここまでの計算は手間もかかりますので（計算の練習と化学の勘をつかむ意味はありますが），「m_A が大きい場合，つまり，物質Aが多量のモルを必要とする場合は，Aの濃度が大きくないといけませんので，x_A は m_A に比例する」と考えると，この式も容易に導けますね。

滴定分析法の種類

① **酸塩基滴定法（中和滴定法）**

酸と塩基（アルカリ）による中和反応を利用します。

② **酸化還元滴定法**

酸化剤，あるいは還元剤を用いた滴定です。

③ **錯形成（錯体形成）滴定法（キレート滴定法）**

主にキレート（錯体：異なる分子がくっついたものと考えて下さい）を形成する試薬による錯体の形成反応を利用します。EDTA（エチレンジアミン四酢酸）が各種金属と1：1の錯体を形成する反応が多く用いられます。

④ **沈殿滴定法**

沈殿物を生じる反応が使われます。主に，硝酸銀標準液によって指示イオンや臭素イオン等が滴定されます。

重量分析法

これは前ページに述べましたように，質量を正確に測定して分析する方法です。

単純な方法ではありますが，容器の重さを差し引くなどの十分な配慮も必要です。

Q７　分光分析法とは，どんな分析法なのですか？

A. 分光分析法

分光分析法とは，もともと光をプリズム，あるいは回折格子でその波長に応じて展開，つまり，光を分けたものをスペクトルと呼んだことに由来します。もとは，可視光の放出あるいは吸収を研究する分野でしたが，今では広く光の概念を拡張した電磁波の放出や吸収をもとに分析する手法を言います。

物質が発する電磁波や吸収する電磁波が物質の特性（個性と存在量）を表すことによります。

分光法の測定装置

大別すると光源，試料容器，分光器，検出器から構成されます。

吸光光度法

特定の波長の光に対する物質の吸収強度によって濃度を測定します。吸光度 A は無次元の量で，次の定義に従って算出されます。

$$A = -\log_{10}\frac{I}{I_0}$$

ここに，I_0 は入射光強度，I は透過光強度です。この式の形は，pH の定義と同じと覚えておきましょう。

$$\mathrm{pH} = -\log_{10}[\mathrm{H}^+]$$

吸光度測定の手段として分光光度計が使用されますが，測定する光の波長帯により光源と検出器が異なり，次の方式があります。

・赤外分光光度計

・可視・紫外分光光度計

赤外分光光度計は主に物質の内部構造を，可視・紫外分光光度計は物質そのものを測定対象としています。

また，液体試料の場合（通常，可視・紫外分光光度計）には，次のランベルト・ベール（ランバート・ベーア）の法則が成り立ちます。

$$A = \varepsilon b C$$

ここに，b は試料相の厚さ［cm］，C は試料濃度［$\mathrm{mol \cdot L^{-1}}$］，$\varepsilon$ は比例定数［$\mathrm{mol^{-1} \cdot L \cdot cm^{-1}}$］です。

原子吸光法

試料中の元素を熱などによって原子化し，原子蒸気に特有の波長の光を照射して吸光度を測定し，濃度を求めます。**フレーム法**と**フレームレス法**とがあります。フレームとは炎のことで，フレーム法では炎で原子化しますが，炎を使わないフレームレス法では電気加熱によって原子化します。

誘導結合プラズマ法（ICP）

高温のプラズマ（原子核と電子がバラバラになった物質）の中に試料を噴霧し，噴霧されて励起した原子が放射する電磁波を調べて濃度を分析する方法です。発光を測定する **ICP 発光分析法**とイオン化したものの質量分析を行う **ICP 質量分析法**とがあります。

喫茶室　プラズマとは…

プラズマとは，原子や分子から電子が離れて，イオンと電子が混在した状態のことです。気体でも液体でも固体でもないので，第4の状態という人もいます。

身近なプラズマとしては，蛍光灯があります。蛍光灯の中には，数百 Pa のアルゴンガスと，数 Pa の水銀蒸気が封入されています。両端のフィラメントから放出された電子が，水銀蒸気を励起してプラズマが発生します。このプラズマは，253.7 nm の輝線スペクトルを発生します。253.7 nm の光は紫外線で見えませんが，それが蛍光灯の管の周りに塗られている蛍光物質に当たって，可視光線が発生するのです。

他に，太陽もオーロラもプラズマです。最近ではプラズマテレビなども出てきましたね。

Q８ 機器分析に用いる機器や処理装置などには，見たこともないものが多く，イメージが持てないまま学習しています。何とかならないでしょうか？

A. イメージ作りが大変

たしかに，公害防止管理者については，大気関係でも水質関係でも，各種の分析のための機器や，排ガスや排水の処理装置なども多岐にわたっていますので，初めて聞く名前も多くなっていますね。実際にかなり多くの方がもたれる悩みのようですが，見たこともないものの名前をいろいろ出されても，イメージ作りが大変ですね。

条件は同じ

ただ，ほとんどの方が同様な悩みをもたれるということは，見方をかえれば，皆さんの条件は同じようなものだとも言えます。

テキストの図やイラストを最大限に利用

通常，まずはテキストに載せられている図やイラストなどを参考にイメージを作っていっていただくことで，ある程度カバーしなければならないと思います。

インターネットを利用

最近では，インターネットが威力を発揮することも多くなってきました。インターネットが使える環境にある方に限定されることにはなってしまいますが，インターネットには写真やイラストがかなり出ていますので，検索の仕方をいろいろと工夫する必要はおおいにありますが，多くの機器や装置について調べるには，それなりに役立つことが多いようです。

それらを参照することで，初めて見る機器や装置であっても，それらがどういうところでどのように使われているのか，ということもわかってきます。工夫次第で，それらに関する知識や周辺情報もかなり豊富に得られることでしょう。

Q 9　いろいろな業種についての知識が出題されているようですが，自分の属している業種ならともかく，他の業種のことまで勉強しなければならないのですか？

A. 大規模大気特論と大規模水質特論

平成18年度に公害防止管理者の国家試験制度が改訂された中で，新たに科目が新設されて，大気関係では「大規模大気特論」が，水質関係では「大規模水質特論」ができました。これらは，排ガスや排水を多く排出する代表的な産業において，それらに関する基本的な知識を問うものになっているようです。

それほど心配しなくてもいいようです

たしかに，自分の関係したこともない業種について聞かれても普通は困りますね。試験制度を科目合格制にする際に，多少無理やり用意された科目のような気もしないでもありませんが，しかし，それほど心配されることはありません。多くの業種に関する詳細な知識まで要求されているわけではありません。日本を代表する数種の製造業種において，その骨組みとしてのプロセスと，大気関係であれば排ガスの種類と主な処理方法，水質関係であれば水の使い方と排水の主な処理方法について基本的な知識を問う問題が出題されています。

出題されている業種

出題されている業種には，次のようなものがあります。これらについて，その基本的なものを押さえておかれれば大丈夫です。

［大気関係］

・石油精製工業（製油所）
・発電施設（発電所）
・セメント工業
・ごみ焼却施設

・鉄鋼業（製鉄所）

［水質関係］
・鉄鋼業（製鉄所）
・石油精製工業（製油所）
・紙パルプ工業
・食品工業

Q 10　レイノルズ数って，どのような数字なのですか？

A. レイノルズ数とは？

レイノルズ数とは *Re* と書かれる数で，流体（液体や気体）の流れの状態を表す無次元数です。無次元数というのは文字通り，次元のない数，単位のない数字で，レイノルズ数の定義は，流体の流れにおける慣性力を粘性力で割ったものです。力を力で割っていますので，単位がなくなっていることは当然ですね。

１）乱　流

レイノルズ数が大きい時は，慣性力，つまり一旦流れはじめたらなかなか流れが止まらないという勢いが強いので，水などのようにサラサラと流れる性質となります。このような流れを乱流と呼んでいます。流体の分子が先を争って，追い越し追い越されながら流れていきます。

２）層　流

これに対して，粘性力，つまり粘(ねば)っこい性質，隣の分子も一緒に連れていこうという性質が強くなると，蜂蜜や水あめのようなドロッとした流れになります。このような流れが層流です。流体の分子が追い越しもせずに整然と並んで流れる状態となります。

以上をまとめますと，次のようになります。

表２−１　レイノルズ数と流れの状態

レイノルズ数の範囲	流れの状態
およそ 2,000 より大きい領域	乱流域
およそ４より大きくて 2,000 より小さい領域	遷移域（中間域）
およそ４より小さい領域	層流域

レイノルズ数はどういうときに使われるの？

流体の流れの状態が関係する多くの分野で使われますが，公害防止管理者の関係では，主に次のような分野で出てきますね。

1）水質関係

① 汚水処理特論

粒子の沈降分離の際に，粒子が沈む時に周りの水は粒子に対しては相対的に上昇流として流れますので，その流れに影響されて粒子が沈む速度と粒子径の関係がレイノルズ数によって変わってきます。

② 大規模水質特論

実際の大きな地形における水の挙動，例えば，川の流れや港湾への海水の進入挙動などを小模型（水理模型）でテストすることがあります。このような時に，地形とまったく同じ形で縮尺だけを小さくするテストでは実際の流れをなかなか再現できません。川幅 10 m の河の流れを幅 10 cm の模型でテストする時，川の流速も 100 分の 1 にするとおかしくなることは感覚的におわかりでしょうか。つまり，水の分子は 100 分の 1 になっていないので，そのようなことではテストにはならないのです。そんな時，レイノルズ数を揃(そろ)えることで完全にとはいきませんが，かなり実際の現象を再現しやすくなります。

2）大気関係

① 大規模大気特論

大規模水質特論の場合とほぼ同様で，実際の大きな地形における風の流れの挙動を小さな模型（流体実験モデル）でテストする場合などで同じようなことがあります。やはり地形とまったく同じ形で縮尺だけを小さくするテストでは実際の風の流れを十分に再現できません。地形を 100 分の 1 にしてテストをする時，空気の分子（具体的には，酸素分子や窒素分子）は 100 分の 1 になっていないので，風速を 100 分の 1 にしてもテストになりません。やはり，レイノルズ数を揃(そろ)えることでかなり実際の現象を再現しやすくなります。

レイノルズ数の計算式

レイノルズ数 Re は問題の条件によって，異なった式で計算されます。

① 流れの代表サイズ（粒子径，あるいは流路の幅）を d，代表流速を u，水の密度を ρ，粘度を η とする場合には，

$$Re = \frac{\rho u d}{\eta}$$

② 代表サイズを L，代表流速を u，拡散係数を D とする場合には，

$$Re = \frac{Lu}{D}$$

【問題１】 水中を直径 1 mm の粒子が，終端沈降速度 1 cm/min で沈降している場合の，流れの状態が層流であるか乱流であるかを判定したい。この場合のレイノルズ数は，およそどの程度となるか。ただし，水の密度を 1 g/cm^3，その粘度を 0.01 g/(cm･s) とする。

１．2,000　　２．200　　３．20
４．2　　５．0.2

解説

用いるべき式は次の式です。ここで，ρ は液の密度，μ は液の粘度，u は流速，d は粒径（時には流路の幅など）です。

$$Re = \frac{\rho u d}{\mu}$$

与えられた条件から，$\rho = 1$ g/cm^3，$\mu = 0.01$ g/(cm･s)，$u = 1$ cm/min，$d = 1$ mm $= 0.1$ cm ですので，次のようになります。min は分です。

$$Re = \frac{1\ \mathrm{g/cm^3} \times 1\ \mathrm{cm/min} \times 0.1\ \mathrm{cm}}{60\ \mathrm{s/min} \times 0.01\ \mathrm{g/(cm \cdot s)}} = 0.17 \fallingdotseq 0.2$$

ということで，レイノルズ数の値は層流であることを示しています。粒子が沈降する場合は，ごく初期は加速度がついた沈降をしますが，液体などの流れ抵抗がある場合はすぐに一定速度での沈降となります。この速度を終端沈降速度あるいは終末沈降速度などといいます。ここでの流れとは，沈降する粒子から見て，水が上方へ流れているとみるのです。

正解　5

【問題 2】 実際の大きさよりも小さい模型を縮率模型というが，相似法則に基づく風洞実験の縮率模型において，正しい数式はどれか。ただし，L は代表長さ，u は代表風速，K は代表拡散係数とし，また添え字は，m を模型，p を実物とする。

1．$\frac{L_m K_m}{u_m} = \frac{L_p K_p}{u_p}$　2．$\frac{L_m u_m}{K_m} = \frac{L_p u_p}{K_p}$　3．$\frac{u_m}{L_m K_m} = \frac{u_p}{L_p K_p}$

4．$L_m K_m u_m = L_p K_p u_p$　5．$\frac{u_m}{L_m + K_m} = \frac{u_p}{L_p + K_p}$

解説

相似法則に基づく縮率模型においては，レイノルズ数を合わせます。レイノルズ数は，長さ，風速，拡散係数で決まる場合には，次式で計算されます。

$$\text{レイノルズ数} = \frac{\text{長さ} \times \text{風速}}{\text{拡散係数}}$$

基本単位で表しますと，長さは［m］，風速は［m/s］，拡散係数は［m²/s］ですので，無次元数になっていますね。したがって，肢 2 が正しい数式となります。

正解　2

Q 11　練習のために，化学の基礎になる問題を少し出して下さい。

A. では，少し肩慣らしに基礎の問題中心に練習をしてみて下さい。これらの問題に慣れていない方は少し取っ付きにくいと思いますが，すぐにできなくてもいいのです。少しずつ少しずつ，だんだんと慣れていって下さい。

【問題１】　次に示す化学記号の中で，金属に属するものはどれか。

1. P　　2. Se　　3. Ar
4. Ne　　5. Pb

解説

肢１のＰはりんで，窒素と周期律表で同じ縦の列の元素，肢２の Se はセレンで，酸素と同じ列の元素ですね。また，肢３の Ar はアルゴン，肢４の Ne はネオンで，周期律表の一番右側に位置する希ガスと呼ばれる仲間ですね。

肢５の Pb は鉛のことで，これは金属に属します。

正解　5

【問題２】　水素イオン濃度［H^+］から pH を求める式はどれか。

1. $pH = -\log_2[H^+]$
2. $pH = \log_2[H^+]$
3. $pH = \log_{10}[H^+]$
4. $pH = -\log_{10}[H^+]$
5. $pH = -\log_{10}\frac{1}{[H^+]}$

解説

肢１と肢２は自然対数が用いられていますが，pH は常用対数で定義されます。

肢３と肢５は結局同じ式ですね。

$$\log\frac{1}{A} = \log A^{-1} = -\log A$$

となります。正解は肢４ですね。pH の定義は，水素イオン濃度の常用対数（底が 10 の対数）にマイナスを付けたものとなります。

正解　4

【問題 3】　物質の 3 態とは，気体，固体，液体のことをいうが，物質がある態から別の態に変化することを相変化という。では相変化に属する次の用語のうち，逆の方向の変化も含めて同じ用語が用いられるものはどれか。

1．凝縮　　2．蒸発　　3．融解　　4．昇華　　5．凝固

解説

それぞれを整理してみると，次の図のようになります。

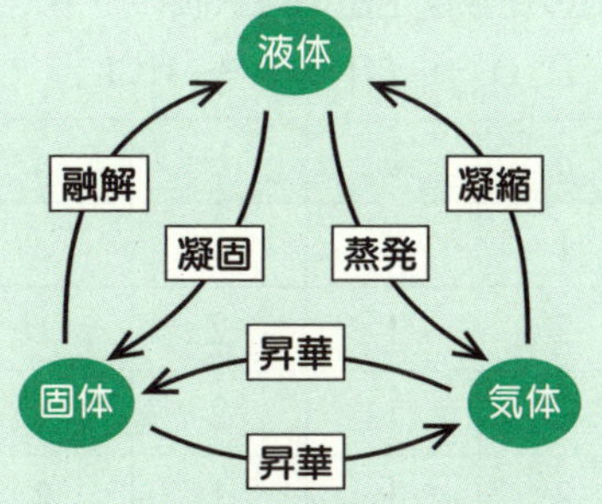

図 2－8　物質の 3 態とその間の変化

これによれば，肢 4 の昇華が双方向ともに同じ用語が用いられていますね。

正解　4

【問題 4】　質量が w の理想気体の圧力を P，分子量を M，体積を V，絶対温度を T とすると，気体定数 R を用いてこの気体の状態方程式はどのように書かれるか。正しいものを選べ。

1．$PV = \frac{M}{w}RT$　　2．$PT = \frac{M}{w}RV$

3．$PV = \frac{w}{M}RT$　　4．$PT = \frac{w}{M}RV$

5．$PR = \frac{M}{w}TV$

解説

似たような式が並んでいますが，おわかりになりますでしょうか。モル数を n として，

$$PV = nRT$$

のように覚えておられる方も多いでしょう。いずれにしても，PV や RT がエネルギーに相当する量であることがわかれば肢3が選ばれます。w/M がモル数であることは，通常は単位を付けない分子量もあえて付ければ［g/mol］（正式にはモル質量）となることからもわかります。

正解　3

【問題5】 次の反応式の係数は下記の選択肢のうち，どれが正しいか。

$$a\mathrm{SO_2} + b\mathrm{Cl_2} + c\mathrm{H_2O} \rightarrow d\mathrm{H_2SO_4} + e\mathrm{HCl}$$

選択肢	*a*	*b*	*c*	*d*	*e*
1	1	2	1	2	1
2	2	1	2	1	2
3	1	1	2	1	2
4	2	1	1	2	1
5	1	2	1	1	2

解説

試験の際には，左辺と右辺のそれぞれの原子の数が一致しているかどうかを調べれば答えが出ますが，学習のために係数を求める方法を以下に示します。与えられた式の係数 a～e を未知数として，方程式を立てます。方程式は，それぞれの元素について，左右の辺で合計量が等しいと置きます。

S：$a = d$　……①

O：$2a + c = 4d$　……②

Cl：$2b = e$　……③

H：$2c = 2d + e$　……④

これで，変数（未知数）が5つと式が4つですから，式が一つ不足のように見えますが（つまり，このままでは解けませんが），a～e の比率がわかればよいので，$a = 1$ と置いて他の変数を求めます。

①式より，$d = 1$

②式より，$c = 2$

④式より，$e = 2$

③式より，$b = 1$

となります。以上により，

$$SO_2 + Cl_2 + 2H_2O \rightarrow H_2SO_4 + 2HCl$$

では，次のそれぞれの反応においても練習してみて下さい。p 128 にも化学反応式の係数について解説があります。

① $a CH_3COOH + b O_2 \rightarrow c CO_2 + d H_2O$

② $a NO_2 + b NH_3 \rightarrow c N_2 + d H_2O$

③ $a Cu + b HNO_3 \rightarrow c Cu(HNO_3)_2 + d H_2O + e NO_2$

【正解】

① $a = 1$，$b = 2$，$c = 2$，$d = 2$

② $a = 6$，$b = 8$，$c = 7$，$d = 12$

③ $a = 1$，$b = 4$，$c = 1$，$d = 2$，$e = 2$

正解　3

【問題６】　次のそれぞれの記述の中で，誤っているものを選べ。ただし，原子量は，H=1.0，C=12.0，O=16.0，Na=23.0，Cl=35.5，K=39.1 であるとする。

1．A[g]の酸素に含まれる酸素分子は，$\dfrac{A}{32.0}$ [mol] である。

2．B[mol]の水に含まれる水素原子は，$B \times 2.0$[g]である。

3．C[mol/L]の塩化カリウム水溶液 D[mL]の中に塩化カリウムの純分は $\dfrac{35.5 + 39.1}{10^3} CD$ [g] 入っている。

4．酢酸 E[g]が完全に酸化されて生じる二酸化炭素は最大 $\dfrac{2 \times 44.0}{60.0} E$ [g] である。

5．F[mol]の塩化ナトリウムは，$(23.0 + 35.5) \times 2F$[g]である。

解説

基礎的な化学計算の問題です。復習あるいは練習のつもりで解いてみて下さい。はじめは難しいと思いますが，モルの計算にも「だんだんと」でいいですから，慣れておいて下さい。モルの計算については，p 124 で解説していますので参照して下さい。H=1.0 などの書き方は，水素の重さ（質量数，原子量）

が1.0であることを意味しています。

肢1は，O＝16.0と与えられていますので，分子量はO_2＝32.0ですから，A［g］をもとに順次単位を付けて計算していきます。分子量は単位を付けずに扱いますが，計算上は［g/mol］という単位があると考えた方がわかりやすいです。この単位が付く場合，正式には「モル質量」と言いますが，分子量と同じ数値です。

$$\frac{A[\mathrm{g}]}{32.0[\mathrm{g/mol}]}=\frac{A}{32}[\mathrm{mol}]$$

肢2は，水がH_2Oですから，モル質量（分子量）として18.0［g/mol］です。このうち，水素原子だけを求めますので，まずは，B［mol］を重さに直した後で，H_2＝2.0［g/mol］を使って，

$$B[\mathrm{mol}]\times 18.0[\mathrm{g/mol}]\times\frac{2.0\ [\mathrm{g/mol}]}{18.0\ [\mathrm{g/mol}]}=2.0\,B$$

肢3の計算は，

$$C[\mathrm{mol/L}]\times\frac{D}{10^3}[\mathrm{L}]\times(35.5+39.1)=\frac{35.5+39.1}{10^3}CD[\mathrm{g}]$$

肢4において，酢酸が完全酸化される反応式は，

$CH_3COOH + 3\,O_2 \rightarrow 2\,CO_2 + 2\,H_2O$

従って，酢酸1モルから最大で二酸化炭素が2モル生じます。

分子量としてCH_3COOH＝60.0，CO_2＝44.0ですから，

$$E[\mathrm{g}]\times\frac{2\ [\mathrm{mol/mol}]}{60.0[\mathrm{g/mol}]}\times 44.0[\mathrm{g/mol}]=\frac{2\times 44.0}{60.0}E[\mathrm{g}]$$

肢5では，NaCl＝23.0＋35.5［g/mol］ですから，F［mol］×（23.0＋35.5）［g/mol］で，（23.0＋35.5）F［g］となります。×2は不要です。

正解　5

公害防止管理者の試験の計算問題として，以上のような計算に慣れておいて下さい。以下に似たような問題を並べますので，練習してみて下さい（穴埋め問題です）。なお，原子量は【問題 6】と同様とします。

【例題】

① モル濃度 G [mol/L]の塩化ナトリウム水溶液の重量濃度は(　　　　) [g/L]である。

② H [mg] の水酸化ナトリウムは(　　　　) [mol]である。

③ モル濃度 I [mol/L]の水溶液 100 mL を 10 倍に薄めるために必要な水の量は(　　　　) [mL]である。

④ モル濃度 J [mol/L]の濃度の塩酸 K [mL]をちょうど中和するために必要な水酸化ナトリウムの量は(　　　　) [g] である。

⑤ ふっ化水素の濃度が M [ppm]である排ガス N [m^3/h]を完全に中和回収するための P [mol/L]のアンモニア水は理論上(　　　　) [L/h]である。

それぞれの解答を示しますので，ご確認下さい。

【解】

① $(23.0+35.5)\ G\ [\mathrm{g/L}]=58.5\ G\ [\mathrm{g/L}]$

② $\dfrac{H\times 10^{-3}}{23.0+16.0+1.0}\ [\mathrm{mol}]=\dfrac{H}{40{,}000}\ [\mathrm{mol}]$

③ 100 mL×10－100 mL＝900 mL（1,000 mL は解ではありません。それでは最終的に 11 倍になってしまいます。念のため）

④ $\dfrac{23.0+16.0+1.0}{1{,}000}JK\ [\mathrm{g}]=0.04\,JK\ [\mathrm{g}]$

⑤ 反応式は

$$HF+NH_4OH \rightarrow NH_4F+H_2O$$

つまり，HF 1 モルと NH_4OH 1 モルの反応となりますので，

$$N\,[\mathrm{m^3/h}]\times M\times 10^{-6}\times\frac{1}{22.4\ \mathrm{m^3/kmol}}\times 10^3\ \mathrm{mol/kmol}\times\frac{1}{P\,[\mathrm{mol/L}]}$$

$$=\frac{1}{22{,}400}NM\ [\mathrm{L/h}]$$

喫茶室

日本人の血

人間が猿から人へと進化した舞台はアフリカであるとされていますが，猿から猿人へ，猿人から原人へ，原人から旧人へ，旧人から新人へという進化の舞台もアフリカだったようです。その最後の新人が我々の直接の先祖とされていますが，彼らが大規模にアフリカを出て各地に渡ったのは，時期を違えて過去に3回あったそうで，出て行ったルートも異なっているということです。これを3度の出(しゅつ)アフリカと言っています。

近年の研究では，日本人は出(しゅつ)アフリカの各グループの遺伝子が多様に集った世界でもまれな人種であることがわかったそうです。アフリカを出発してユーラシア大陸（ヨーロッパ，アジア）に向かって進めば，途中にとどまる場合は別として，いろんな経路を通ってもいつかは大陸の東側に到達し，大陸に隣接する島国の日本に到着することは自然とも思えますが，遺伝子の研究でそれが明らかになるというのもすごいことだと思います。

多くの系統の血をもつからどうだという訳でもないのですが，日本人は多くの民族の混血でありながら，あたかも単一民族のように融合した人種と言えるかもしれません。外国の文化を要領よく取り入れて，しかも自前の文化に仕立て上げてしまうところなどは，多くの血が混ざっていることに加え，多くの文化を持ち込んだこととも関係するように思います。

第3編

公害総論

どのような問題が出題されているのでしょう！

（出題問題数　15問）

1）ほぼ毎年出題されているものとして，次のような内容が挙げられます。

- 環境基本法　2～3題
- 大気汚染関係　1～2題
- 騒音・振動関係　1題
- 地球環境問題　1～2題
- 特定工場の法律　2題
- 水質汚濁関係　1～2題
- 環境マネジメント関係　1～2題

2）毎年ではなくても，それに準じて出題されているものとしては，次のようなものがあります。

- 条約や議定書関係
- 環境影響評価関係
- 浮遊粉じん関係
- 廃棄物関係
- リスクマネジメント関係

Q1　公害とはどういうことを言うのですか？また，代表的な事例を教えて下さい。

A. いわゆる公害とは

公害とは，企業などが自然環境を汚すことによって，地域住民の安寧（あんねい）（平穏で無事なこと）や健康が妨げられることを言います。人間によって生じる社会的災害と言えます。

法律の定義は，「環境の保全上の支障のうち，事業活動その他の人の活動に伴って生ずる相当範囲にわたる大気の汚染，水質の汚濁，土壌の汚染，騒音，振動，地盤の沈下及び悪臭によって，人の健康又は生活環境に係る被害が生ずること」（環境基本法）となっています。従って，ここに挙げられている7つの公害（大気汚染・水質汚濁・土壌汚染・騒音・振動・地盤沈下・悪臭）を「典型七公害」と言っています。大気と土壌は汚染と言い，水質は汚濁と言っている点に留意して下さい。それほどこの差に神経質になることはありませんが，法律の名前を正しく把握していただければよいでしょう。「水質汚濁防止法」が正しい名称で，「水質汚染防止法」という法律はありません。

広い意味の公害とは

広い意味で公害という用語は，食品公害，薬品公害，交通公害，基地公害などを含める場合があります。以前，原子炉におけるトラブルが周辺の住民の生活を脅かしたこともあり，これは原子力公害とも言えるでしょう。また，一部の自治体では，煙草のポイ捨て等による廃棄物なども美観を損ねるとして，公害に含めることもあります。なお，働く環境における薬品等からの被害は労働災害と呼ばれ，通常の場合には公害とは呼ばれません。

日本および近隣諸国の現状

日本では，環境庁時代を含む環境省の取組みや公害等調整委員会などの行政機関の取組みにより，高度成長期の昭和40年代に表面化した四大公害病のような企業による大規模な公害が発生することは少なくなってきています。

一方，近年大きく工業化しつつある発展途上国（中国等）では，以前に日本で起きたような大規模公害が発生していて，社会問題となっています。

歴史的な公害事件

1）日本の主な公害事件

① **足尾鉱毒事件（足尾銅山鉱毒事件）**

栃木県および群馬県の渡良瀬川周辺で起きた足尾銅山の公害事件。明治時代後期に発生した日本の公害の原点と言えます。

② **四大公害病**

a）イタイイタイ病

岐阜県の神岡鉱山からの未処理廃水により発生した鉱害で，神通川下流域である富山県婦中町（現富山市）において，発生しました。

b）水俣病（熊本水俣病）

ある会社が海に流した水銀を含む廃液により引き起こされました。原因物質はメチル水銀などの有機水銀とされています。

c）第二水俣病（新潟水俣病）

新潟県の阿賀野川下流域で発生したもので，熊本県の水俣病と同様の症状が確認されています。

d）四日市ぜん息

かつて三重県四日市市で発生した大気汚染による集団喘息（ぜんそく）障害です。

③ **アスベスト健康被害**

2005年兵庫県尼崎市で過去に操業していた工場で，アスベストを使った生産が行われていた影響により，元従業員や工場周辺住民の健康被害が発覚。その後，日本全国でアスベスト公害問題が再燃しました。

2）世界の主な公害事件

① **ロンドン・スモッグ**：1952年ロンドンで発生し，一万人以上が死亡した史上最悪規模の大気汚染による公害事件です。スモッグ（スモーク＋フォッグ）という新語が生まれた契機になりました。

② **ロサンゼルス・スモッグ**：光化学スモッグとして世界最初の事例です。発生原因として，晴れの日が多く大気の入れ替わりが少ない地形であることなどが挙げられます。

Q2 環境基本法とはどういう法律なのですか？簡単に教えて下さい。

A. 法律の体系

法律は，憲法を基本として，次の図のように5つの水準から構成される体系になっています。日本の全ての法律のもととなる憲法は言うまでもありませんが，各分野に憲法とも言うべき基本法があることが普通です。教育基本法などが有名ですね。環境分野では，環境基本法の下に循環型社会形成推進基本法があります。基本法の下にもう一つ基本法があるという二重構造になっている点で少し特殊ですが，その下に通常の法律がありその法律の実施のためのより細かな規定を設けるために，施行令および施行規則が用意されています。

当然のことながら，日本の全ての法律は憲法に基づいて憲法と矛盾しないように作られなければなりませんし，また，ある分野の法律はその分野の基本法の精神と合致するものでなければなりません。

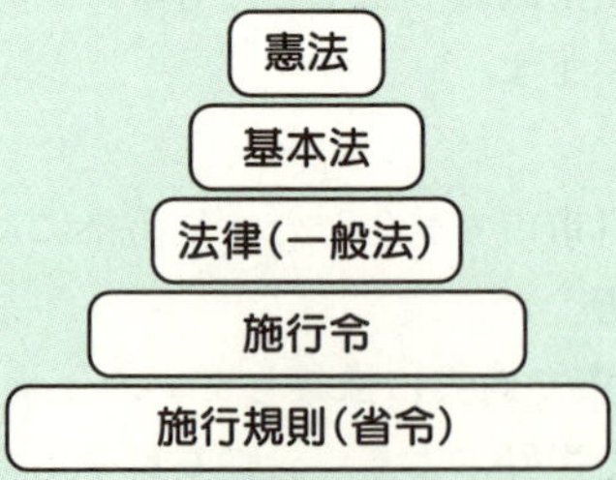

法律の体系

環境基本法

日本の環境関係全体についての基本理念を示した法律と言えます。この法律は，環境省の所管で1993年に制定されていて，国，地方自治体，事業者，国民の責務を明らかにするとともに，環境保全に関する施策の基本事項などが定められています。地球規模の環境問題に対応し，環境負荷の少ない持続的発展が可能な社会をつくること，国際協調による地球環境保全の積極的な推進などが基本理念としておかれていると言えるでしょう。

どんな勉強をしたらいいの？

環境基本法については，一般の法律と同様に，第1条の法の目的（現在および将来の国民の健康で文化的な生活の確保，人類の福祉に貢献）と，第2条の用語の定義（環境への負荷，地球環境保全，公害，生活環境）はきっちりと学習しましょう。一番出題されやすいところです。

国，地方自治体，事業者，国民の責務を押さえておきたいですね。また，環境基準，典型七公害（大気汚染，水質汚濁，土壌汚染，騒音，振動，地盤沈下，悪臭）および環境審議会，公害対策会議などもその概要を把握しておきましょう。

【問題】 典型七公害とは，大気汚染，水質汚濁，土壌の汚染，騒音，振動，地盤沈下，悪臭をいうものとされているが，これらのなかで，環境基本法において，国が環境基準を定めることとされていないものはどれか。

1．水質汚濁　　2．大気汚染　　3．振動

4．騒音　　5．土壌の汚染

解説

環境基準は，人の健康を保護し，かつ，生活環境を保全するために，維持されることが望ましいとされる基準ですが，典型七公害とされるすべてに定めることとはなっていません。振動，悪臭および地盤沈下は環境基準を定めることとはされていません。

正解　3

Q３　なぜ汚水や排出ガスを処理しなければならないのですか？それらが発生しないようにすればよいのではないですか？

A. おっしゃる通り，全ての工場などから汚水や排出ガスが発生しないようにできれば素晴らしいですね。公害のない社会になりますし，そのような社会になるようにしなければなりませんね。それはまさにその通りです。そういう社会を「完全循環型社会」というのでしょう。

自然界では何も無駄なものがないという見方で考えますと，そのような完全循環型社会ができていると言ってもよいのかもしれませんね。何億年もかけて自然界ではそういう社会を作ってきたと言えるのかもしれません。

しかしながら，人類の技術の現状は，汚水や排出ガスが発生しないようにして製品を作ることがまだできていないのです。たとえ，それらが発生しないようにできる業種や技術（ゼロ・エミッション技術）があったとしても，そのためにコストがかかります。また，コストをかけてそれを実現しても会社がつぶれてしまっては元も子もありませんので，現実にはできていないというのが現状です。

従って，汚水や排出ガスの処理はまだまだ必要ですし，公害防止管理者における水質や大気の処理技術も必要なのです。そのような現在の処理技術は，汚水や排出ガスを外に出しても害のないレベルにすることを目的としていますが，ある意味では，これもやはり暫定的というか当面のことであって，将来は「外に出しても害のないレベル」ではなくて，他の工場の原料として使えるようにすることが本来の「完全循環型社会」であろうと思います。

そのような「完全循環型社会」を実現するための技術も，現在の処理技術の延長上にある技術と言えますので，まずは現在の処理技術をもとにして，それを進化させる形で「完全循環型社会」を実現するための技術を作り上げていきたいものです。

そういう意味も込めて，現在の処理技術を皆さんにも学習していただきたいものと思います。

【問題】 コンビナートを形成する工場群において，完全な循環型社会（ゼロ・エミッション社会）に到達した際には，工場に出入（はい）りするものとして存在しないものは次のうちどれか。

1．原料　2．製品　3．用役
4．廃棄物　5．中間製品

解説

肢４の廃棄物は，完全な循環型社会（ゼロ・エミッション社会）においてあっては困りますね。工場から出る副生物も必ず，肢５の中間製品として自社かあるいは別の工場の原料として使われなければなりませんね。

正解　４

Q４ 無過失賠償責任とは，過失がないのに賠償するというものですか？なぜこういう決まりがあるのですか？

A. 無過失賠償責任とは何か？

無過失賠償責任とは，故意や過失がなくても賠償（慰謝料を合わせて損害を償(つぐな)うこと）をしなければならないという責任のことです。通常であれば，法律に違反した場合（故意や過失があった場合）に罰を受けたり，発生した損害を賠償したりしますね。

どうしてそのような考え方が出てきたのか？

無過失賠償とは，過失の有無に関係なく，生じた損害を賠償するということで，何かとても不思議に思いますが，これは公害問題に関する歴史的な事情から出てきた考え方です。公害関係の法律が整備される以前において，（当時は甘い法律だったために）工場からの有害物を垂れ流していても，それが甘い基準の範囲内であれば責任を問われず，その結果，健康被害が大規模に発生してしまった歴史がありました。例えば，有機水銀による水俣病や，カドミウム汚染によるイタイイタイ病などが挙げられます。その健康被害に対して，国もかなりの財政的な支援をしましたが，それでも足りないこともあって，原因排水を排出した企業に，故意・過失がなかったとしても原因が明確になった場合には，原因者の責任として（公害病の発生からかなり年月が経過してからではありましたが），賠償責任があるという考えが法律的に認められたのでした。

【問題】　過失がなくても賠償をしなければならないという責任のことを法律的に何と呼んでいるか。

1．無罪弁償責任　　2．無罪賠償責任
3．無過失弁償責任　　4．無過失弁証責任
5．無過失賠償責任

解説

弁償と賠償は，損害を償うという意味で，基本的に似た意味の用語ですが，慰謝料を含めた弁償行為のことを賠償ということになっています。従って，ここでは弁償ではなくて賠償でなければなりません。なお，弁証は（弁証法理論などで用いられる）まったく別の言葉ですね。

無罪と無過失とは，これらも似ているようですが，よく考えると異なることがおわかりと思います。無過失とは過ちがあったかなかったかという時に用いられることで，無罪とは裁判などで最終的な判断として用いられるものですね。

正解　5

Q5 リサイクルに関する法律にはどのようなものがあるのですか？教えて下さい。

A. 最近では，かなりリサイクルに関する法律が整備されています。以下にまとめますので，ご覧下さい。タイトルは略称，通称であるものが多く，正式名称がどのようになっているかについても確認しておいて下さい。

循環型社会形成推進基本法

環境基本法の下のさらなる基本法で，循環型社会の姿を示し，国，地方公共団体，事業者および国民の役割を明確化した法律です。環境省の所管です。

食品リサイクル法

正式名称は，「食品循環資源の再生利用等の促進に関する法律」といいます。外食産業などの食品関連産業から排出される生ごみなどの廃棄物を，肥料や飼料に再資源化することが義務づけられています。

建設リサイクル法

国土交通省および環境大臣の所管する法律で，「建設工事に係る資材の再資源化等に関する法律」という名前になっています。コンクリート，アスファルト，木材などの特定資材を用いる建築物の，分別解体やリサイクルが義務づけられています。

グリーン購入法

正式名称は，「国等による環境物品等の調達の推進等に関する法律」です。国や地方公共団体が環境負荷の少ない製品の使用を推進するように定められた法律です。

資源有効利用推進法

「資源の有効な利用の促進に関する法律」という名称になっています。自動車，パソコンなどの14種類の製品について，使用済みの部品を再使用することや，余分な部品を使わないで設計することを義務づけています。パソコンについて，「パソコンリサイクル法」という人もいますが，パソコンは資源有効利用推進法の下部の法律である省令で規定されています。正しくは「パソコンリサイクル省令」です。

容器包装リサイクル法

「容器包装に係る分別収集及び再商品化の促進等に関する法律」が正式名称です。ペットボトル，プラスチック容器，紙製品などの容器包装の再商品化が，消費者と行政，メーカーに義務づけられています。

家電リサイクル法

正式には，「特定家庭用機器再商品化法」です。テレビ，エアコン，冷蔵庫，洗濯機の4品目を対象として，再商品化のための経費負担，分別排出と分別収集などについて，事業者，市町村，消費者の役割を明確化しています。

廃棄物処理法

「廃棄物の処理及び清掃に関する法律」で環境省の所管です。単に廃掃法とも略されます。廃棄物の排出抑制と処理の適正化によって，生活環境の保全と公衆衛生の向上を図ることを目的とした法律で，産業廃棄物の不適切な処理や不法投棄を行った場合，排出した企業にも罰則や原状回復を行う義務が生じます。

自動車リサイクル法

自動車メーカーをはじめとして，自動車のリサイクルに携わる関係者が適正な役割を担うことによって，使用済自動車の積極的なリサイクルや適正な処理を行うための法律です。正式名称は,「使用済自動車の再資源化等に関する法律」です。

【問題１】　循環型社会形成推進基本法に基づく多くのリサイクル法が制度化されているが，次のうち，実際に法律として存在しないものはどれか。

1．食品リサイクル法
2．建設リサイクル法
3．容器包装リサイクル法
4．自動車リサイクル法
5．自転車リサイクル法

解説

似たような名前が並んでいますが，肢５の自転車については単独のリサイクル法は作られていません。もちろん，自転車もリサイクルは必要ですので，資材有効利用推進法の趣旨からリサイクルはされるべきですね。

正解　5

【問題２】　リサイクルに関する各種の法律が施行されている。その通称と正式名称の組合せを以下に示すが，そのうち誤っているものはどれか。

1．食品リサイクル法（食品循環資源の再生利用等の促進に関する法律）
2．建設リサイクル法（建設工事に係る資材の再資源化等に関する法律）
3．グリーン購入法（国等による環境物品等の調達の推進等に関する法律）
4．家電リサイクル法（特定家庭用機器再商品化法）
5．パソコンリサイクル法（パーソナルコンピュータの再生利用等の促進に関する法律）

解説

肢５のパソコンリサイクル法は，正式な法律ではなくて，法律の中に含まれる省令で規定されています。その法律名は，通称「資源有効利用推進法」，正式な名称は，「資源の有効な利用の促進に関する法律」（経済産業省所管）となっています。

その他にも，多くのリサイクル関連法がありますので，確認しておいて下さい。

Q5：リサイクルに関する法律にはどのようなものがあるのですか？教えて下さい。

・資源有効利用推進法（資源の有効な利用の促進に関する法律）
・廃棄物処理法（廃棄物の処理及び清掃に関する法律）
・容器包装リサイクル法（容器包装に係る分別収集及び再商品化の促進等に関する法律）
・自動車リサイクル法（使用済自動車の再資源化等に関する法律）

正解　5

Q 6　硫黄酸化物は，なぜ公害対策の優等生と言われるのですか？では，劣等生にはどんなものがあるのですか？

A. 日本は公害対策の優等生？

昭和 30 年代から 40 年代にかけて，日本の産業公害が日本列島を大きく揺さぶったことがあります。国をあげてその産業公害を見事に乗り切ったために，日本は「公害対策の優等生」と言われました。

国全体として見ますと，たしかにそのような言い方もできると思います。ただ，対策をとった全ての項目が「優等生」であったかというと，必ずしもそうとは言えないものもあります。

下図のような二酸化硫黄の測定値については昭和 40 年代以降，順調にその数値を下げてきました。これは優等生と言ってよいでしょう。硫黄酸化物は主に工場（固定発生源）で燃やされる重油などが原因でしたので，その対策を打つことで改善がはかられたと言えます。

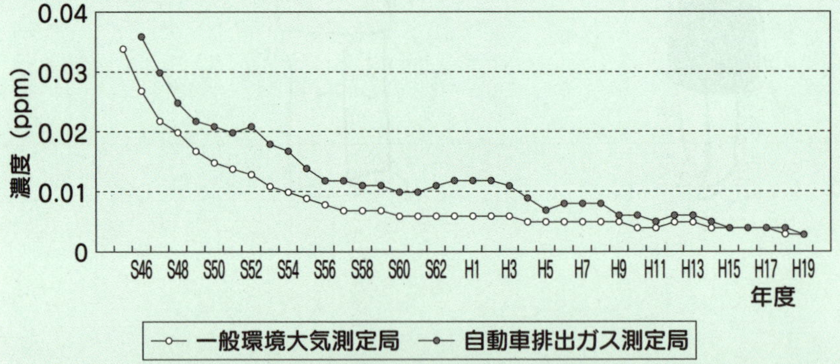

図 3－1　二酸化硫黄測定値の推移（環境省データ）

しかしながら，次の図 3－2 で窒素酸化物（二酸化窒素）の測定値の推移を見ると，最初の数年は効果が認められますが，その後の改善はあまり見られないと言ってよいでしょう。これは，工場などの固定発生源での改善は硫黄酸化物と同様に進んだのですが，移動発生源である自動車の台数増加によって，排ガス規制を進めたものの，まだあまり大きな改善には至っていないことが原因と言えるでしょう。

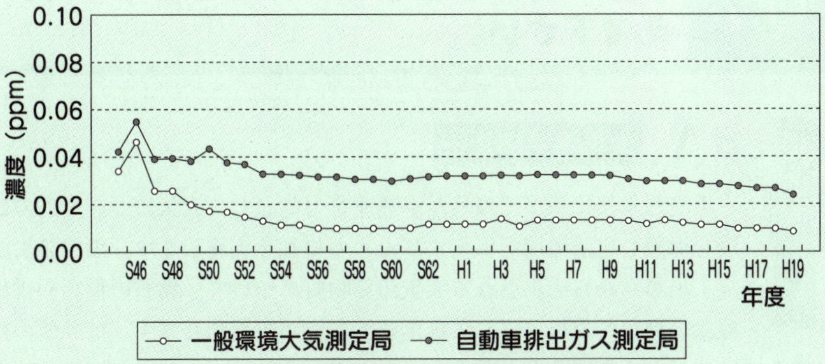

図３－２　二酸化窒素測定値の推移（環境省データ）

優等生と劣等生

劣等生というとやや語弊がありますが，公害対策が進んだものとそうでないものをまとめて示しますと，次の表のようになります。

	公害対策が進んだもの	公害対策があまり進んでいないもの
大気関係	硫黄酸化物，一酸化炭素，非メタン炭化水素	窒素酸化物，浮遊粒子状物質
水質関係	有機物（BOD や COD）	窒素，りん

（注）非メタン炭化水素は，空気中のオゾンと反応して，強い酸化性物質（光化学オキシダント）を生むもので，これが光化学スモッグの主因とされています。

Q 7　公害に関係する法律の概要をまとめて教えて下さい。

A. 大気汚染防止法

環境基本法に基づく環境基準達成を目的とし，大気について人の健康を保護し生活環境を保全するための規制を実施します。固定発生源（工場等）から排出される大気汚染物質について，物質の種類や排出施設の種類・規模に応じて排出基準を決めて規制します。ばい煙の排出基準には次のような区分があります。

①　一般排出基準

ばい煙発生施設ごとに国が定める基準です。

②　特別排出基準

深刻な汚染地域で，新設ばい煙発生施設に適用されるきびしい基準です。

③　上乗せ排出基準

①や②では不十分な場合に，都道府県知事が条例で定めるきびしい基準です。

④　総量規制基準

①～③で環境基準達成が困難な地域での大規模工場ごとの排出基準です。

水質汚濁防止法

大気汚染防止法と同様，環境基準の達成を目的とし，水質に関する人の健康を保護し生活環境を保全するための法律です。やはり「上乗せ排出基準」も水質総量規制もあります。環境基準には，① 人の健康の保護に関する環境基準と，② 生活環境の保全に関する環境基準とがあります。

土壌汚染対策法

各種の有害物質による重大で深刻な土壌汚染の事例が増え，土壌汚染による健康影響への懸念や対策の確立に対する社会的要請が強まっていますので，国民の安全と安心の確保を図るために，土壌汚染の状況の把握，土壌汚染による人の健康被害の防止に関する措置等の土壌汚染対策を実施することを内容とする「土壌汚染対策法」が作られています。

騒音規制法・振動規制法

騒音および振動は，人の感覚による個人差もありますが，典型公害の中に入れられています。騒音と振動で規制の形式もほぼ同様です。ただ，騒音については環境基準がありますが，振動については環境基準はありません。

騒音および振動を防止することにより生活環境を保全すべき地域を，都道府県知事が指定し，地域内の工場・事業場および建設作業場の騒音・振動が規制されています。施設や工事の届出は市町村長に提出します。

悪臭防止法

悪臭も，騒音・振動と同様に人の感覚により個人差のある公害です。法の目的は，工場・事業場における事業活動に伴って発生する悪臭について必要な規制を行い，生活環境を保全して国民の健康保護に資することとされます。

特定悪臭物質として，アンモニア，メチルメルカプタン，硫化水素，吉草酸などの22物質が指定されています。悪臭原因物質とは，特定悪臭物質を含む気体・水ならびにその他の悪臭の原因となる気体・水を言います。事業場は，その規模を問わず対象となります。ただし，移動発生源および建設工事などの一時的なものは規制対象外となります。

単一物質の濃度のみでは規制困難な悪臭に対して，嗅覚測定法に基づき人の嗅覚を利用して求められる「臭気指数」が導入され，臭気判定士の制度も始まっています。

Q８ 公害防止管理者に関する法律と公害防止管理者について教えて下さい。

A. 法律の名称

公害防止管理者に関する法律は，正式には，「特定工場における公害防止組織の整備に関する法律」といいます。これからわかりますように，公害防止管理者を含む工場の公害防止組織についての法律です。

法律の目的

第１条にこの法律の目的が定められています。すなわち，「この法律は，公害防止統括者等の制度を設けることにより，特定工場における公害防止組織の整備を図り，もって公害の防止に資することを目的とする。」となっています。

用語の定義

恒例によって，第２条がこの法律で扱う重要用語の説明になっています。以下，それを整理してみますと，

特定工場とは，製造業その他の政令で定める業種に属する事業の用に供する工場のうち，次のリストに挙げるものとされています。

a）ばい煙発生施設　　b）汚水等排出施設

c）騒音発生施設　　d）一般粉じん発生施設

e）特定粉じん発生施設（いわゆるアスベストの発生施設です）

f）振動発生施設　　g）ダイオキシン類発生施設

公害防止組織

右図のようになっています。公害防止主任管理者は規模が小さければ不要です。

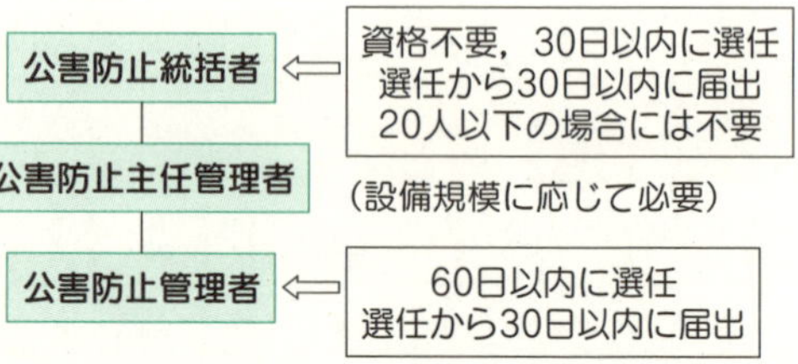

公害防止管理者の資格の種類

公害関係設備の区分と，対応する公害防止管理者の種類は次表の通りです。

表 3-1　公害関係設備の区分と対応する公害防止管理者の区分

公害関係設備の区分	公害防止管理者の区分
大気関係	大気関係第1種公害防止管理者
	大気関係第2種公害防止管理者
	大気関係第3種公害防止管理者
	大気関係第4種公害防止管理者
水質関係	水質関係第1種公害防止管理者
	水質関係第2種公害防止管理者
	水質関係第3種公害防止管理者
	水質関係第4種公害防止管理者
騒音・振動関係	騒音・振動関係公害防止管理者
特定粉じん関係	特定粉じん関係公害防止管理者
一般粉じん関係	一般粉じん関係公害防止管理者
ダイオキシン類関係	ダイオキシン類関係公害防止管理者

大気関係と水質関係では，設備規模と性格に応じた公害防止管理者の区分が定められています。

表 3-2　大気関係設備と対応する公害防止管理者の区分

排ガス量		有害物質の排出	
		あり	なし
時間当たり 40,000 m^3_N 以上（主任管理者要）		第1種	第3種
時間当たり 40,000 m^3_N 未満	時間当たり 10,000 m^3_N 以上	第2種	第4種
	時間当たり 10,000 m^3_N 未満		選任不要

表 3-3　水質関係設備と対応する公害防止管理者の区分

排水量		有害物質の排出	
		あり	なし
1日当たり 10,000 m^3 以上（主任管理者要）		第1種	第3種
1日当たり 10,000 m^3 未満	1日当たり 1,000 m^3 以上	第2種	第4種
	1日当たり 1,000 m^3 未満		選任不要

Q 9　pHとは何ですか？環境問題の中でどういう意味を持つのですか？

A. 酸とアルカリ

酸はすっぱく，アルカリは皮膚などに付くとやられてしまいますね。どちらも身体にやさしくないものですが，その強さはpHで表されます。

pHは，ドイツ語読みで「ペーハー」，英語読みでは「ピーエイチ」です。最近では，英語読みが増えているようです。日本語で言うと，**水素イオン濃度指数**です。つまり，水素イオンH^+の濃度指標のことです。水の分子はH_2Oと書かれますね。そのH_2Oの中でほんの少しですがH^+とOH^-に分かれているものがあります。それらの濃度をモル濃度［mol/L］で表してそれらを掛け算したものは，常に10^{-14}［mol^2/L^2］になるという性質があります。これを**水のイオン積**と言っています。つまり，

$$[H^+][OH^-]=10^{-14}$$

ここで，［　］というカッコはモル濃度で示している，という記号です。

この［H^+］の常用対数（10を底とする対数，いわゆる普通の対数です）をとってマイナスを付けたものがpHです。

$$pH=-\log[H^+]$$

同じように，pOHを使うこともあります。

$$pOH=-\log[OH^-]$$

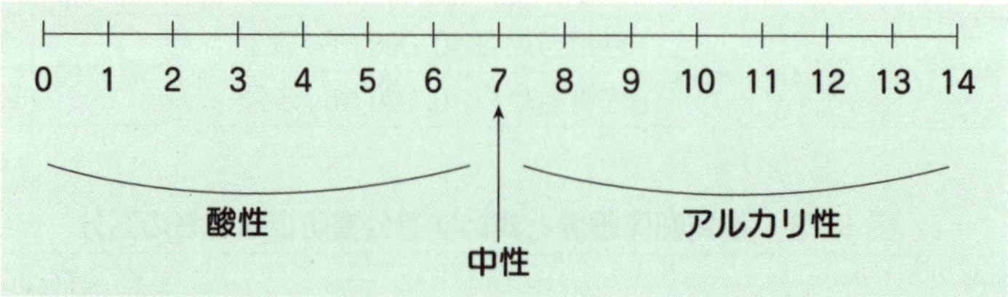

［H^+］と［OH^-］が等しい時，つまり，［H^+］＝［OH^-］＝10^{-7}の時が中性です。$pH<7$が酸性，$pH>7$がアルカリ性で，７に近いほど酸性もアルカリ性も弱くて身体にやさしいですが，７から離れるほど強くなります。

酸性のものは，はじめに述べましたように，なめると梅干（うめぼし）のようにすっぱい

です。ただし，梅干そのものは酸性ですが，梅干は食品としては「アルカリ性食品」とされています。不思議ですね。その理由は，食品としての酸性・アルカリ性は，体内で消化分解された後に残る状態が酸性であるかアルカリ性であるかで決められますので，有機酸が体内で分解された後に（微量なのでほとんど問題になりませんが）アルカリ性の水酸化ナトリウムが残るためです。

公害問題とpH

ご存知（ぞんじ）のように，中性付近は生物にやさしい条件ですが，酸性が強くなってもアルカリ性が強くなっても，生物には有害ですね。国の pH の環境基準も河川・湖沼で，6.0 あるいは6.5 から 8.5 の間とされていますし，海域でも，7.0 あるいは7.8 から 8.3 の間とされています。

工場からの排水基準でも，当然のことながら，pH が規定されています。

地球環境問題とpH

地球環境問題の一つである酸性雨も，次表のような排ガス中の成分が原因です。

排出源	排ガス中の酸性雨の原因物質
工場	NOx，SOx
自動車	NOx

NOx が雨などの水分に溶けると硝酸（HNO_3）や亜硝酸（HNO_2）などになり，SOx が水分に溶けると硫酸（H_2SO_4）や亜硫酸（H_2SO_3）などになって雨を酸性にし，川や湖も酸性にしてしまいます。その結果，森が枯れたり魚がすめなくなったりしてしまいます。日本では，石灰石などのアルカリ性の岩石が多く，また工場などの対策もかなり進んでいますので，酸性雨の深刻な被害はほとんど報告されていませんが，ヨーロッパなどでは以前からかなり発生していましたし，今後は中国などから出される排ガスで，日本を含むアジアの酸性雨が問題になる可能性が高いと言われています。

pHが1だけ違う時
水素イオン濃度は
10倍違うんだ
だから とくに強い酸や
強いアルカリの場合は
pHが1違っても 結構
影響が大きいんだ

Q 10 環境問題に関係する国際条約や議定書もかなりあるようですが，まとめて教えて下さい。

A. そうですね。いくつかの重要な条約がありますので，まとめて簡単に説明します。次のようなものがありますので，おおよそどのような内容のものかを確認しておいて下さい。

ラムサール条約（1971年，イランのラムサール）

正式名称は「特に水鳥の生息地として国際的に重要な湿地に関する条約」で，国境を越えて移動する水鳥の生息地として重要な湿地を，そしてそこに生息・生育する動植物を指定し，国際的に保全を進めようとするものです。

ワシントン条約（1973年，アメリカのワシントン）

正式名称は「絶滅のおそれのある野生動植物の種の国際取引に関する条約」です。国際協力のもとに一定の野生動植物の輸入を規制することにより，採取・捕獲等を抑制して絶滅のおそれのある種を保護することを目的としています。

ウィーン条約（1985年，オーストリアのウィーン）

正式には「オゾン層保護のためのウィーン条約」といいます。国際的に協調してオゾン層やオゾン層を破壊する物質について研究を進めること，各国がオゾン層の保護のために適切と考える対策を行うこと等を定めています。

モントリオール議定書（1987年，カナダのモントリオール）

オゾン層の保護対策として，フロンを規制するための「オゾン層保護のためのウィーン条約」に基づいて採択された議定書です。

バーゼル条約 （1989 年，スイスのバーゼル）

有害廃棄物の国境を越える移動及びその処分の規制に関する条約です。

生物多様性条約 （1992 年，ケニアのナイロビ等）

正式名称は「生物の多様性に関する条約」で，次のような目的を有します。

① 生物の多様性の保全
② その構成要素の持続的利用
③ 遺伝資源の利用から得られる利益の公正で公平な配分

気候変動枠組条約 （1992 年，アメリカのニューヨーク）

当面は先進国が二酸化炭素などの温室効果ガスの排出を以前の水準にまで戻すことを重要と考えて，対応処置を講ずることを織り込んだ条約のことです。

リオ宣言 （1992 年，ブラジルのリオ・デ・ジャネイロでの地球サミット）

正式には「環境と開発に関するリオ・デ・ジャネイロ宣言」です。各国は国連憲章などの原則にのっとり，自らの環境および開発政策によって自らの資源を開発する主権的権利を有し，自国の活動が他国に環境汚染をもたらさないよう確保する責任を負うことなどがうたわれています。

京都議定書 （1997 年，COP 3，京都）

「気候変動に関する国際連合枠組条約第 3 回締約国会議」で採択された議定書です。先進国における温室効果ガスの具体的な排出削減目標値等を取り決めています。

Q 11 環境問題の主な用語について，その意味だけでも確認しておきたいので，簡単に教えて下さい。

A. カーボンニュートラル

カーボンは炭素，ニュートラルは中立で，「環境中の炭素循環量に対して中立であること」という意味です。生産その他の人間の活動において，排出される二酸化炭素と吸収される二酸化炭素が同じ量である，という概念を言います。植物由来のバイオ燃料を燃やしても二酸化炭素は排出されますが，その植物の生長過程で二酸化炭素を吸収したはずなので，差し引きゼロという考え方です。

環境アセスメント

環境影響評価制度とも言われ，開発行為の実施に先だって，計画段階から，開発が大気，水質，土壌，生態系等の環境に与える影響を予測し評価して，さらに予防策や代替案を比較，再評価を含めて検討することをいいます。

環境家計簿

日常生活において環境に負荷を与える行動を記録したり，点数化したりして収支計算することで，消費者がライフスタイルを客観的に評価できるようにするための家計簿のことを言います。

環境税（炭素税）

例えば，二酸化炭素の排出につながる電気やガス，ガソリンなどの使用量に対して課税する税のことです。既にヨーロッパのいくつかの国において，エネルギー消費を抑えようとする目的で導入されています。日本でも検討されつつあります。

環境報告書

企業や団体などが，事業活動等に伴う環境影響の程度やその削減目標を自主的にまとめて，公表する報告書のことです。

環境ホルモン

正式には，「外因性内分泌攪乱化学物質」と呼ばれる化学物質の通称で，生物の体内に取り込まれるとホルモンに似た働きをして生体の内分泌機能を攪乱させる作用を持つ物質のことを言います。当初多くの物質が疑いを持たれましたが現在，環境ホルモンと断定されている物質は数種類にとどまっています。

環境ラベル

環境に配慮した製品であることを政府あるいは認証機関などによって認定され，その製品につけることを認められたラベルのことです。

クリーンエネルギー

水力や風力，地熱など，化石燃料等の資源の燃焼を伴わないで利用することができるエネルギーのことを総称する言葉です。緑が環境の色であるということから，グリーンエネルギーといわれることもあります。「再生可能エネルギー」という言葉もほぼ同様な意味で用いられます。

グリーン購入

製品を購入したりサービスを受けたりする場合に，必要性を十分に考慮して，価格や品質，利便性，デザインだけでなく環境のことを考え，環境への負荷ができるだけ小さいものを優先して購入する購入方法のことです。

コンポスト

食堂や家庭生活から発生する生ごみを，土壌に生息する微生物などによって分解，減容（体積を減らすこと）する装置（生ごみ処理機）から処理されて排出された物をいい，主に肥料などに有効利用されます。

電気製品としてコンポスト機が市販されていますし，ミミズ・コンポストといってミミズの活動を利用して処理を行うもの（p 133参照）もあります。

里地・里山

古来，人間の手が入って生態系が保存され，自然としての生産力が高められて，人の営みと自然が共存している地域としての里地や山地をいいます。最近では，さらに拡張されて，里浜，里海などとしても用いられている概念となっています。

3R

環境への負荷の少ない循環型の社会を形成するための廃棄物などに対する3つの取組みをいいます。「発生抑制または使用削減（Reduce）」「再使用（Reuse）」「再生利用（Recycle）」の頭文字をとっています。5Rという人もいます。p 85のイラストをご参照下さい。

ゼロ・エミッション

エミッションは廃棄物という意味で，完全リサイクル方式などによって，製造技術等があらゆる廃棄物を全く出さないレベルであるという概念です。

ビール工場などでは「ゼロ・エミッション宣言」をしているところも増えています。

地産地消

地域で生産されたものを地域で消費し，逆に地域で消費するものは地域で生産することをいいます。運搬に関するエネルギーを考慮したものであり，また，地域でまとまりある経済活動，環境活動になるように意識された概念です。

後で説明するフード・マイレージの低減対策にもなります。

低炭素社会

二酸化炭素の排出量が少なくなった社会のことをこのように言います。

デポジット制度

ビールびん等について，予め一定の金額を預かり金（デポジット）として販売価格に上乗せし，製品（容器）を返却すると預かり金を消費者に戻す仕組みのことで，資源回収や資源ごみの散乱防止に有効な制度とされています。

燃料電池

電気で水を水素と酸素に分解する電気分解と正反対のプロセスで，水素と酸素を化学的に反応させて電気を取り出すシステムです。副生物が水だけであって極めてクリーンなエネルギーです。水素が燃料となるエネルギーですので，水素エネルギーシステムの一環でもあります。

パークアンドライドシステム

自動車と公共交通が連携する交通システムのことで，マイカー通勤者等を対象とし，郊外の駐車場でバスや電車に乗り換え，都心へ通勤する方式をいいます。これによって，都心への自動車流入の抑制や公共交通利用者の増加を図ることができ，都市部の活性化も期待されています。ヨーロッパでは多くの都市が導入しています。

バイオレメディエーション (bioremediation)

微生物や菌類や植物，あるいはそれらの酵素を用いて有害物質で汚染された自然環境（土壌汚染の状態）を，有害物質を含まない元の状態に戻す処理のことです。その中でも植物によるものはとくにファイトレメディエーション（phytoremediation）ということがあります。

排出権取引

京都議定書で定められた京都メカニズムの一つで，先進国に割り当てられた温室効果ガス排出許容量の一部を売買する仕組みです。温室効果ガスの削減目標以上に温室効果ガスを排出した場合は他から購入することで目標値を達成し，逆に排出量が目標に対して余裕がある場合は，その差を他に売却できます。

フード・マイレージ（food mileage）

食料の輸送距離という意味で，輸入相手国別の食料輸入量重量と輸出国までの輸送距離を，例えばトン・キロメートルなどで表します。世界各地から食糧を輸入している日本は，この値が極めて大きくなっています。この値を減らす努力も，地球温暖化対策の主要なものでなければならないでしょう。

マニフェストシステム

産業廃棄物の排出事業者が，産業廃棄物の性状や取扱上の注意事項等を記載した積荷（つみに）目録（マニフェスト）を産業廃棄物の流通システムに組込み，マニフェストの管理を通じて産業廃棄物の流れを管理するシステムのことです。

ミティゲーション

影響の緩和ということで，開発による環境影響を極力減少させるとともに，開発によって損なわれる環境を何らかの方法で復元あるいは創造することによって，環境への影響をできるだけ少なくしようとする考えを言います。

ライフ・サイクル・アセスメント（LCA）

製品等が環境に与える負荷の改善を目的として，製品の環境への負荷を，原料調達段階から生産，流通，使用，廃棄の各段階（製品のゆりかごから墓場まで）で分析し，評価することです。

リスクマネジメント

リスク（危険や損失が生じる可能性）を組織的にマネジメント（管理）して，ハザード（危害の発生源・発生原因），損失などを回避，あるいは，それらを最小限にするためのプロセスのことです。

レッドデータブック

気候変動等によって絶滅のおそれのある野生動植物の種（絶滅危惧種）をリストアップしその現状をまとめた報告書のことです。生物多様性を重要視して作成されています。

Q 12 環境問題に関するアルファベットの記号・略号がたくさんありますが，それらについて簡単に教えて下さい。

A. アルファベット順にまとめてみますので，見て下さい。

・COP 3

気候変動枠組み条約第3回締約国会議（The 3rd Session of the Conference of the Parties to the United Nations Framework Convention on Climate Change）の略称で，通称は温暖化防止京都会議と呼ばれています。地球温暖化問題について人類の今後の取り組みを決定する会議で，日本は2010年におけるCO_2の総排出量を1990年レベルから6％削減することを約束しています。

・BOD

生物化学的酸素要求量（Biochemical Oxygen Demand）の略称です。水中の汚濁物質（有機物）が微生物により酸化分解されるのに必要な酸素量で，河川の汚濁指標として用いられます。単位はmg/Lです。

・CFC

クロロフルオロカーボン（Chlorinated fluorocarbon）の略称で，炭素C，ふっ素F，塩素Clの三元素で構成される化学物質の総称です。いわゆる「狭義のフロン」です。種類が多いので，複数形にしてCFCsと書かれることもあります。

・COD

化学的酸素要求量（Chemical Oxygen Demand）の略称です。水中の汚濁物質（主に有機物）を酸化剤で酸化するために必要な量で，海域や湖沼の汚濁指標を示すのに用い，単位はmg/Lです。

・DO

溶存酸素量（Dissolved Oxygen）の略称です。水中に溶けている酸素量のことで，単位はmg/Lです。

・EMAS

Eco-Manegement and Audit Scheme の略で，イーマスと呼ばれます。EU

の加盟国に適用される環境管理に関する地域の規制の一つです。公式には，「欧州工業界における企業が任意に参加できる環境マネジメント及び監査計画に関するEC委員会規則」という名称です。

・GEF

地球環境ファシリティ（Global Environment Facility）で，開発途上国および市場経済移行国が地球規模の環境問題に対応した形でプロジェクトを実施する際に，追加的に負担する費用について原則として無償資金を提供することです。GEFは国際機関ではなく，世界銀行，UNDP，UNEP等の既存組織を活用した資金メカニズムを言います。

・HBFC

ハイドロブロムフルオロカーボン（Hydrogenated bromofluorocarbons）の略称です。臭素を含むものはハロンと呼ばれ，HBFCは代替ハロンとも呼ばれます。

・HCFC

ハイドロクロロフルオロカーボン（Hydrogenated chlorofluorocarbons）の略称で，代替フロンとも呼ばれます。炭素C，ふっ素F，塩素Cl，水素Hの四元素から構成される化学物質の総称です。

・IPCC

気候変動に関する政府間パネル（Intergovernmental Panel on Climate Change）ということで，各国の気候分野の研究者が参加し，地球の温暖化について調査・研究を行う組織です。

・ISO

工業標準の策定を目的とする国際機関で，各国の標準化機関の連合体です。本部はスイスのジュネーブにあります。意味はInternational Organization for Standardizationですが，略称が「IOS」でなく「ISO」となっているのは，ギリシャ語で「平等」を意味する「isos」という言葉が起源のためです。

・JICA

日本における国際協力機構（Japan International Cooperation Agency）で，外務省所管の独立行政法人です。政府開発援助（ODA）の実施機関の一つであって，開発途上地域等の経済及び社会の発展に寄与し，国際協力の促進に資することを目的としています。

・LCA

Life Cycle Assessmentで，家電製品や自動車などの特定の製品が，生産から消費・使用・廃棄までのライフサイクルを通じて環境に与える影響を評価する方法のことです。

・MSDS

物質安全性データシート（Material Safety Data Sheet）で，化学物質に関する物性データを記入し，安全性，危険有害性の把握に使用するものです。

・ODA

政府開発援助（Official Development Assistance）は，国際貢献のために先進工業国の政府および政府機関が発展途上国に対して行う援助や出資のことです。

・PCB

ポリ塩化ビフェニル（Polychlorinated Biphenyl）の略称です。水に不溶ですが有機溶媒とは互いに溶解し，難燃性，不燃性，科学的に安定，絶縁性が高く，電気特性に優れている等諸性質のために多方面に利用されています。発ガン性等で人体に有害であることが判り，ダイオキシン類にも含められて使用禁止になっています。

・PDCA サイクル

計画（plan）を作り，それに従って実行（do）し，その結果を確認（check）し，その確認結果をもとに次の活動を実施（act）するサイクルを言います。環境マネジメントや品質マネジメントなどにおいて，このサイクルが回されます。

・PPP

汚染者負担原則（Polluter Pays Principle）です。公害などの汚染者が，被害者の医療費などを負担するという原則です。

・PRTR

環境影響物質が多くの形（大気，水域，土壌）をとって排出される量および廃棄物として廃棄物処理業者に移動される量を調査し，登録する制度である「環境汚染物質排出・移動登録」（Pollutant Release and Transfer Registers）の略称です。環境汚染のおそれのある化学物質がどのような発生源からどの程度環境中に排出されているか，また廃棄物になっているのか，というデータをまとめたものとなります。

・RDF

固形燃料（Refuse Derived Fuel）の略称です。生ごみやプラスチックごみ等の廃棄物を固め固形燃料にしたもので，暖房や発電の燃料として使われます。

・SPM

浮遊粒子状物質（Suspended Particulate Matter）の略称で，直径が10ミクロン以下の空気中の浮遊粒子のことです。

・SS

懸濁物質（Suspended Solid）の略称で，水中に浮遊している小粒状物質を言います。単位はmg/Lで表します。

・UNDP

国際連合開発計画（United Nations Development Programme）は，世界の開発とそれに対する援助のための国際連合総会の補助機関です。

・UNEP

国連環境計画（United Nations Environment Programme）です。1972年6月ストックホルムで「かけがえのない地球」を合い言葉に開催された国連人間環境会議で採択された「人間環境宣言」および「環境国際行動計画」を実施に移すための機関として，設立されています。

【問題】 次に示す略号の中で，汚染者負担に関するものはどれか。

1．PPM　2．PPP　3．SPM　4．PCB　5．LCA

解説

この問題では，肢2のPPPが汚染者負担の原則という意味でしたね。

正解　2

Q 13 練習のために，公害総論関係の基礎練習問題を出して下さい。

では，肩慣らしに基礎の問題を少し解いてみましょう！

【問題１】　環境基本法に明示されている公害を典型七公害と言うが，典型七公害だけを含む選択肢はどれか。

1．悪臭，大気の汚染，食品公害，振動，放射能汚染
2．地盤の沈下，薬品公害，悪臭，騒音，振動
3．土壌の汚染，放射能汚染，地盤の沈下，薬品公害，食品公害
4．振動，光害，水質の汚染，土壌の汚染，騒音
5．地盤の沈下，大気の汚染，土壌の汚染，悪臭，騒音

解説

典型七公害とは，水質の汚濁，地盤の沈下，大気の汚染，土壌の汚染，悪臭，騒音，振動を言います。これら以外の公害もありますが，環境基本法に明示されている公害はこの七つとなっています。食品公害，薬品公害，放射能汚染，光害なども広い意味で公害ですが，環境基本法には明示されていないということです。

光害は公害と発音を区別するため「ひかりがい」と読みます。都市の夜の照明などの自然界にない環境によって引き起こされる被害のことです。天体観測に障害を及ぼし，生態系を混乱（虫類の成育異常，渡り鳥のコース錯誤など）させ，あるいはエネルギーの浪費の一因になるなどの影響があります。

正解　5

【問題２】 以下に示す概念のうち，環境基本法においては用語として明示されていないものはどれか。

１．原因者負担　２．受益者負担　３．持続的発展
４．環境月間　５．環境影響評価

解説

肢４の「環境月間」は，環境基本法では示されていない用語です。「環境の日」は環境基本法第 10 条で規定されています。

他には，原因者負担が第 37 条，受益者負担が第 38 条，持続的発展が第４条，環境影響評価が第 20 条で示されています。

正解　４

【問題３】 水質や大気に係る特定工場における公害防止組織の整備に関する法律に規定する公害防止統括者等の選任，届出に関する記述中，下線を付した箇所のうち，誤っているものはどれか。

特定事業者は，公害防止統括者を選任すべき事由が発生した日から(1)<u>30 日以内に</u>，当該特定工場公害防止統括者を選任し，選任した日から(2)<u>30 日以内に</u>，その旨を当該特定工場の所在地を管轄する都道府県知事（又は政令で定める市の長）に届け出なければならない。ただし，その特定事業者の常時使用する従業員の数が(3)<u>30 人以下</u>である場合には，公害防止統括者を選任する必要はない。また，公害防止管理者の選任は，公害防止管理者を選任すべき事由が発生した日から(4)<u>60 日以内に</u>行い，選任した日から(5)<u>30 日以内に</u>，その旨を当該特定工場の所在地を管轄する都道府県知事（又は政令で定める市の長）に届け出なければならない。

解説

ここでは，(3)の下線部は 30 人以下ではなくて，20 人以下の場合に公害防止統括者を選任する必要がないことになっています。その他の 30 日，60 日の記述は正しいものです。このような数字は非常に試験にも出やすいため確認しておきましょう。

正解　３

【問題4】 日本における環境問題とその主な原因物質の組合せとして，誤っているものはどれか。

	環境問題	原因物質
1	海域，湖沼等の富栄養化	有機物，窒素，りん
2	地下水汚染	硝酸性および亜硝酸性窒素
3	イタイイタイ病	カドミウム
4	四日市ぜん息	硫黄酸化物
5	第二水俣病	六価クロム

解説

肢5の第二水俣病は，新潟県の阿賀野川流域で発生した水俣病で，熊本県で発生した水俣病と原因物質，症状ともにほぼ同じ内容でした。その原因物質は，メチル水銀などの有機水銀です。

正解　5

【問題5】 略語とそれを説明する日本語の組合せとして，誤っているものは次のうちどれか。

	略語	説　明
1	LCA	ライフ・サイクル・アセスメント
2	MSDS	化学物質等安全データシート
3	QQQ	汚染者負担の原則
4	PRTR	環境汚染物質排出・移動登録
5	COP 3	気候変動枠組み条約第3回締約国会議

解説

肢3の汚染者負担の原則は，Polluter Pays Principle で，PPP と略されます。その他の略号と説明との対応は正しいものとなっています。

正解　3

【問題6】 ダイオキシン類に関する記述として，誤っているものはどれか。

1．ダイオキシン類は，非意図的に生成され，残留性の強い化学物質である。

2．ダイオキシン類には，ポリ塩化ジベンゾ-パラ-ジオキシン，ポリ塩化ジベンゾフランおよびコプラナーポリ塩化ビフェニルの3種類があり，それぞれにさらに多くの異性体がある。
3．ダイオキシン類は，個々のダイオキシンによって毒性が大きく異なるので，濃度は等価換算毒性量（毒性等量）（TEQ）として表す。
4．人のダイオキシン類摂取に関しては，耐容一日摂取量（TDI）が定められている。
5．ダイオキシン類には，大気および土壌のみに環境基準が定められている。

解説

肢1～肢4はそれぞれ設問の通りですが，肢5のダイオキシン類の環境基準は，大気，水質および土壌のそれぞれに定められています。

正解　5

【問題7】 地球温暖化対策として合意された京都議定書の排出削減対象物質として，誤っているものはどれか。

1．一酸化二窒素　2．六ふっ化硫黄　3．メタン
4．クロロフルオロカーボン　5．パーフルオロカーボン

解説

肢4のクロロフルオロカーボンも温暖化作用は高い物質ですが，これは以前にオゾン層破壊の最大の元凶として，モントリオール議定書（1987年）で製造や使用が禁止されています。京都議定書（1997年）の段階で，今さら排出削減をすることは時代錯誤ですね。その他の物質は，京都議定書の排出削減対象物質となっています。

肢4と肢5はよく似ているので注意しましょう。

正解　4

【問題8】 リスクマネジメントに関する記述として，誤っているものはどれか。

1．リスク特定は，リスクの原因となるリスク因子を識別し，網羅し，特徴付けるプロセスである。
2．リスク因子の人体への影響を明らかにするリスク算定法として，リスクの発現に係る用量－反応関係の同定は代表的な方法である。
3．算定されたリスクは，リスク基準と比較して評価されるが，用量－反応

関係に基づいて算定されたリスクの評価には不確実性はない。
4．残留リスクとは，適切なリスク対応やリスクコントロールを施しても残ってしまうリスクのことをいう。
5．リスクコミュニケーションによって，リスクの回避や低減，リスク原因の特定への寄与などが期待できる。

解説

リスクマネジメントに関する問題は，あまり慣れておられないと思いますが，一般の人がそういう状態ですので，出題される問題もそれほど深いところまでを問うことはないようです。よく文章を読まれれば，常識あるいはそれに近いことで判断のつくことが多くなっているように思います。

リスクはどれだけ検討しても，不確実性が減るだけであって，なくなることはありません。従って，肢3にあるように「リスクの評価には不確実性がない」とは言えません。

正解　3

第 4 編

水質関係の共通事項

はじめに

この編では，公害防止管理者の水質関係に共通する分野において，各種の基礎事項についての疑問や質問にお答えします。

やはりこのあたりも，はじめは寝転んで斜め読みしていただいて結構です。

Q 1　公害防止管理者（水質関係）の試験は，誰でも受けられるのでしょうか？試験はどのくらい難しいのですか？

A. 誰でも受けられるの？

公害防止管理者は国家資格で，その試験は当然国家試験ということになりますが，受験資格の制限はありません。学歴も年齢も，勿論性別にも関係なく，どなたでも受験できます。日本人でなくても受けられますが，当然のことながら日本語が理解できる必要はあるでしょう。

合格するのは難しいの？

受験は誰でもできる訳ですが，合格となると誰でもという訳にはいきません。区分によっても違いますが，合格率は低い時には 10% 程度，まれに 40% 以上になる時もありますが，通常，20～30% のことが多いようです。国家試験にもいろいろありますが，その中でとくに難しい試験ということではないと思ってよいでしょう。

あまり高度な数学は必要ありませんし，半分以上は暗記の努力で正解が得られる問題もありますので，頑張ろうという気持ちで取り組めば何とかなる試験とも言えます。計算問題も出題されますが，頑張れば大半は解ける問題が多いでしょう。高等学校の生徒が努力して合格している例もかなりあります。

合格基準は，たいていの国家試験ではそのような水準であることが多いですが，およそ 60% です。各科目が 60% というほど厳しくはなく，ある程度「各科目の平均点で 60%」を基準に運用されているようです。

試験科目の範囲

水質区分の場合の試験科目の範囲について整理してみますと，次のようになっています。

表4－1　公害防止管理者（水質関係）の区分と試験科目

科目名	区分				試験科目の範囲
	1種	2種	3種	4種	
公害総論	○	○	○	○	環境基本法，環境関連法規，特定工場，環境問題全般，環境管理手法，国際環境協力
水質概論	○	○	○	○	水質汚濁の法規制，現状，発生源，機構，影響，国または地方公共団体の施策
汚水処理特論	○	○	○	○	処理計画，物理・化学的処理，生物的処理，処理施設の維持管理，水質測定
水質有害物質特論	○	○	不要	不要	有害物質の性質，処理，測定，有害物質処理施設の維持管理
大規模水質特論	○	不要	○	不要	水質汚濁物質の挙動，汚濁防止事例，処理水再利用

第1種は全ての範囲をカバーしますので，最も上位の区分と言えます。また，第4種は最も範囲が狭いことで相対的に受験しやすい区分と言えるでしょう。しかし，第2種と第3種とでは，どちらが上位とは一概には言えません。第2種は水質有害物質特論が，第3種では大規模水質特論が課せられ，どちらが上とは必ずしも言えないと思います。

なお，科目別合格制度が導入されています。詳しいことは，Q2（p114）をご覧下さい。

Q2 公害防止管理者（水質関係）の国家試験は科目別合格制になっているそうですが，それはどういう制度なのですか？

A. 科目合格制導入の背景

公害防止管理者の国家試験は，その制度が制定されて以来30年以上に渡って1回合格制，つまり1科目でも落とすと不合格となって，次の年以降に再び全科目を受験しなければならないものでした。また，大気区分や水質区分において，例えば第4種に合格した人も，次により上級の1～3種の受験にあたっては，既に合格した科目についても再び受験する必要がありました。

それらの改善のために，平成18年度より科目合格の制度が導入されました。

科目合格制

科目合格の制度は，上記の改善を柱としていて，主に次の二つの内容からなっています。

1）合格科目の有効年限

例えば3科目の合格が必要な水質4種の受験者を例にとってみますと，次の表のような形で何年かに渡って受験することでも合格となります（3年以内に必要な科目合格をすれば資格取得となります）。

表4－2　合格科目制度の例（水質第4種の場合）

試験科目	1年目	2年目	3年目	4年目
公害総論	×	×	×	○
水質概論	○	免除	免除	○
汚水処理特論	×	○	免除	免除
合否判定	不合格 （科目合格）	不合格 （科目合格）	不合格	合格 （資格取得）

○は試験科目合格，×は試験科目不合格，
「免除」は，受験者の申請により受験が免除されることを示します。

つまり，3年以内に必要な科目が合格となれば，その資格を取得することができます。ただし，ご注意いただきたいことは，最初の科目合格の後に3回のチャンスがあるわけではなく，科目合格した後は，残り2回の機会に全ての科目が合格とならなければならないという点です。「あと3回」ではなくて，「最初の回を含めて3回」であることにご留意下さい。4年目には1年目に一度合格した科目も改めて受験しなければなりません。

2）上級の区分の受験にあたって

大気および水質においては，より上級の試験区分の資格を取得するために，必要な科目だけを受験して合格すればよいことになっています。ただし，平成17年度以前に取得された方については適用になりません。

水質の場合には，次のようになっています。

① 水質第4種合格者

・「水質有害物質特論」の科目合格により，水質第2種の資格取得が可能

・「大規模水質特論」の科目合格により，水質第3種の資格取得が可能

・「水質有害物質特論」および「大規模水質特論」の科目合格により，水質第1種の資格取得が可能

② 水質第3種合格者

・「水質有害物質特論」の科目合格により，水質第1種の資格取得が可能

③ 水質第2種合格者

・「大規模水質特論」の科目合格により，水質第1種の資格取得が可能

Q3 水質関係の公害防止管理者試験を受けたいのですが，大気や騒音・振動の勉強もしなければなりませんか？

A. 公害防止管理者の種類

おっしゃる通り，公害防止管理者の資格には，次のように沢山ありますね。

・大気関係第１種～第４種公害防止管理者
・水質関係第１種～第４種公害防止管理者
・ダイオキシン類関係公害防止管理者
・騒音・振動関係公害防止管理者
・特定粉じん関係公害防止管理者
・一般粉じん関係公害防止管理者
・公害防止主任管理者

これらの管理者の区分の中で，騒音・振動関係公害防止管理者は，以前は騒音関係と振動関係とに分かれていましたが，平成18年度より一緒になっています。また，特定粉じん関係と一般粉じん関係は，大気関係の親戚のようなもので，科目は相当程度共通です。

他の区分の学習

そこで，ご質問にあるような「他の区分」の勉強をしなければならないか，という点ですが，平成18年度の制度改訂によって，「公害総論」という試験科目が新設されました。この科目は，公害防止管理者のどの区分を受ける方にも共通の科目です。従って，公害防止管理者の試験を受けようとする全ての方がこの科目を学習しなければなりません。

この「公害総論」は，環境問題の一般知識をはじめ，公害防止管理者であれば「これだけは知っておいてほしい」という内容となっていますので，この科目に出てくる内容は受験の区分にかかわらず学習することが必要です。この科目では，水質関係も大気関係も，騒音・振動関係，あるいはダイオキシン類関係の内容も，一般知識としての入門的な内容ですが出てきます。

逆に，他の区分に関することも，この科目の範囲だけを学習しておけば十分ということになります。公害総論の他の科目で他の区分の知識を要求されることは基本的にありませんので，安心して学習して下さい。

公害総論は一回だけでよい

既にＱ２（p 114）で説明していますように，公害防止管理者試験では科目合格制度が採用されています。これによれば，既に取得した資格の科目については，再び受験する必要がありません。例えば，水質４種の資格を持っている人は，「大規模水質特論」の科目だけに合格しますと，水質３種の資格が与えられます。これと同じ原理で，水質の資格を持っている人が，大気関係を受けようとする時は，公害総論は受験が免除となります。従って，公害総論は一回だけの受験でよいということになります。

ただ，ご注意いただきたいことは，資格を得るまでに至っていない人が科目合格している場合は，３年以内という有効期限がありますので，科目合格しただけでは安心できません。公害総論を科目合格したが，３年以内に何かの資格が取れなかったという場合は，公害総論をもう一度受験する必要が出てきますのでご注意下さい。資格として成立した後は，もう公害総論の受験の必要がないということです。

Q４　pHや濃度の計算に出てくる指数や対数ってどんなものなのですか？教えて下さい。

A. 指　数

指数とは，肩の上に乗った小さな数字が表す形を言います。

$$2 \times 2 = 2^2$$

という式はおわかりですね。2^2は２の２乗（じょう）と読みますね。2^2とは，２を２回掛けることでしたね。

以下，指数の性質についても説明します。

$$2^2 \times 2^3 = 4 \times 8 = 32 = 2^5 = 2^{2+3}$$

という式をよく見て下さい。このように，掛け算の時の肩の数字は，乗っかっているもとの数字が同じである場合に限りますが，結果的に肩の上では足し算になります。掛け算が足し算になるというのは不思議な性質ですね。同じように，

$$2^5 \div 2^3 = 32 \div 8 = 4 = 2^2 = 2^{5-3}$$

と，割り算は肩の上では引き算になります。このあたりの計算はよく出てきますので，慣れておきましょう。

以上を，公式としてまとめて書いてみますと，

$$a^m \times a^n = a^{m+n}$$

$$a^m \div a^n = a^{m-n}$$

この性質を使いますと，

$$2^2 \div 2^2 = 2^{2-2} = 2^0$$

となります。しかし，2^0っていくつなのでしょうか。

$$2^2 \div 2^2 = 4 \div 4 = 1$$

ですから，１のはずですね。でも何か変に思われますか。

先に，2^2とは「２を２回掛けたもの」と言いましたが，では，「何」に２回掛けるのでしょうか。実は，１に２を２回掛けるので４になるのです。ということは，2^0は１に２を０回掛ける，つまり，１回も掛けないのです。従って，１のままなのです。

もう一つ，指数の公式を挙げます。

$$(a^m)^n = a^{m \times n} = a^{mn}$$

今度は，肩の上で掛け算になっていますね。aを指数の底（てい）といいます。

対　数

対数は指数の逆です。でも，「どのように逆なの？」と思われるかもしれません。それでは，説明をしていきます。

$2^3 = 8$

という式を見て下さい。2 を 3 乗したら 8 になるということはもうおわかりですね。

逆に，「2 を何乗したら 8 になるの？」という問題があったとします。上の式（$2^3 = 8$）を見た人は，3 とすぐにわかりますが，わからない場合を考えます。例えば，「2 を何乗したら 9 になるの？」という問題の答えを x としますと，

$2^x = 9$

と書けますね。この x は，肩の上に乗っていますので，このままでは扱いにくいことがあります。そのため，この x のことを，

$\log_2 9$

と書きます。意味はもうおわかりですね。「2 を何乗したら 9 になる」という数字でしたね。この数字を（式のように見えますが，数字と思って下さい）「9 の対数」，より詳しくは「2 を底(てい)とする 9 の対数」と言います。log はロッグ，または，ログと読みます。

文字を使って，$\log_a x$ などと書く時，$x > 0$，$a > 0$，$a \neq 1$ と決まっています。この対数にも，指数の時のような計算方法（計算の特徴）があります。

$\log_2 4 + \log_2 8$

を計算してみましょう。2 を 2 乗すると 4，3 乗すると 8 ですから，

$\log_2 4 = 2$

$\log_2 8 = 3$

ですね。一方，$4 \times 8 = 32$ なので，

$\log_2 32 = 5$

これら 3 つの式の右辺を比較しますと，

$2 + 3 = 5$

ですから，

$\log_2 4 + \log_2 8 = \log_2 32$

も成り立つはずですね。

つまり，４の対数と８の対数を足すと，４と８を掛け算した32の対数ということになります。また，上の式を変形しますと，

$$\log_2 32-\log_2 8=\log_2 4=\log_2(32\div 8)$$

ここでは,引き算が割り算になっていますね。これらを公式としてまとめます。

$$\log_a M+\log_a N=\log_a(M\times N)$$

$$\log_a M-\log_a N=\log_a(M/N)$$

対数には，また別の面白い性質があります。

$$\log_a M^2=\log_a(M\times M)=\log_a M+\log_a M=2\log_a M$$

M の肩にあった２が前に出てきましたね。この性質は２だけではありません。

$$\log_a M^3=\log_a(M\times M\times M)=\log_a M+\log_a M+\log_a M$$

$$=3\log_a M$$

などと，実は（ここでは証明しませんが）全ての数字について言えるのです。

つまり，

$$\log_a M^n=n\log_a M$$

これも，結構役に立つ公式です。

また，指数の時に $a^0=1$ という話が出てきましたが，対数でも，

$$\log_a 1=0$$

$$\log_a a=1$$

などの関係があります。

$\log_a 1$ は a を何乗したら１ですか，という意味でしたから，０乗ですね。同様に，$\log_a a$ は a を何乗したら a ですか，ということなので，１ですね。

なお，底が10の対数を常用対数，底が $e=2.718\cdots$ といい特別な数の場合を自然対数と言います。化学の世界では，底を省略すると常用対数で，自然対数を表す場合には，ln と書きます。ln はロンなどと読まれます。

従って，

$$\log 10=1$$

$$\ln e=1$$

となります。さらに，$\ln x=2.303\log x$ という式も化学ではよく使われますので，覚えておかれると便利です。

指数，対数の練習問題

練習として，次の問題を解いてみて下さい。

1）指数の問題

① $a^2 \times a^7 =$

② $2^{2a} \times 2^{3a} =$

③ $a^8 \div a^3 =$

④ $m^{2n} \div m^n =$

⑤ $(2^3)^2 =$

⑥ $\dfrac{A^2B^3C^4}{AB^2C^3} =$

2）対数の問題

① $\log_2 3 + \log_2 9 =$

② $\log_7 9 - \log_7 3 =$

③ $\log_2(xyz) + \log_2(x^3y^2z) =$

④ $\log_2(x^3y^2z) - \log_2(xyz) =$

⑤ $\log 100 + \log 10 =$

1）の答え

① $a^{2+7} = a^9$

② $2^{2a+3a} = 2^{5a}$

③ $a^{8-3} = a^5$

④ $m^{2n-n} = m^n$

⑤ $2^{3\times 2} = 2^6 = 64$

⑥ $A^{2-1}B^{3-2}C^{4-3} = A^1B^1C^1 = ABC$

2）の答え

① $\log_2(3 \times 9) = \log_2 27 = \log_2 3^3 = 3\log_2 3$

② $\log_7(9 \div 3) = \log_7 3$

③ $\log_2(xyz \times x^3y^2z) = \log_2(x^4y^3z^2)$

④ $\log_2\{(x^3y^2z) \div (xyz)\} = \log_2(x^{3-1}y^{2-1}z^{1-1})$

$= \log_2(x^2y^1z^0) = \log_2(x^2y)$

⑤ $\log(100 \times 10) = \log 10^3 = 3\log 10 = 3$

Q5 水質でよく出てくるpHについて，練習問題を交えて復習させて下さい。

A. pHとは

pHは，以前はドイツ語読みでペーハーと読まれていましたが，近年では英語読みが増えて，ピーエイチと読まれます。

これは，正式には水素イオン濃度指数と言って，水の中の水素イオンであるH^+の濃度を表す指標です。この指標は0から14まであって，7が中性とされ，7付近は生物にやさしいのですが，この数字が7よりかなり小さいと強い酸性となり，逆に7よりかなり大きいと強いアルカリ性となって，どちらも生物にとってやさしくない水になってしまいます。従って，このpHが環境基準や工場からの排水基準の項目となっています。

pHの定義

水素イオンと一概に言っても，0.1 mol/Lという濃いものもあれば，10^{-14} mol/Lという薄い場合もあります。これらの数字は桁数が大幅に異なりますので，扱いやすいように対数で定義されて次のようになっています。水素イオンの濃度をmol/Lで$[H^+]$と書きますと，pHは次のような定義式に従います。

$$pH = -\log[H^+]$$

ここでlogは常用対数と呼ばれる対数で，その底が10となっています。

水のイオン積

水はH_2Oですが，そのごく一部は次のような電離をしています。

$$H_2O \rightleftarrows H^+ + OH^-$$

この電離した二つのイオンであるH^+とOH^-の濃度には次のような関係があることがわかっています。

$$[H^+][OH^-] = 1 \times 10^{-14}$$

この関係を水のイオン積と呼んでいます。従って，OH^-にも

$$pOH = -\log[OH^-]$$

という pOH を定義しますと，常に次の関係式が成り立ちます。

$pH + pOH = 14$

これらは 10 を底とする対数をとっているため，pH や pOH が 1 だけ異なるということは，濃度である $[H^+]$ や $[OH^-]$ が 10 倍異なるということになります。例えば，次のような感じになっています。

$pH = 2 \Rightarrow [H^+] = 10^{-2} = 0.01$

$pH = 3 \Rightarrow [H^+] = 10^{-3} = 0.001$

$pOH = 3 \Rightarrow [OH^-] = 10^{-3} = 0.001$

$pOH = 4 \Rightarrow [OH^-] = 10^{-4} = 0.0001$

$pOH = 10 \Rightarrow pH = 14 - pOH = 4 \Rightarrow [H^+] = 10^{-4} = 0.0001$

$pOH = 11 \Rightarrow pH = 14 - pOH = 3 \Rightarrow [H^+] = 10^{-3} = 0.001$

【問題】 pH が 2 の水溶液と pH が 3 の水溶液を，それぞれ同じ体積どうし混合した場合の混合液の pH はどのくらいとなるか。

１．2.26　　２．2.34　　３．2.50

４．2.66　　５．2.82

解説

同じ体積どうしの液体を混ぜると濃度は平均の濃度になりますが，pH は濃度の対数をとったものですから，２と３を足して２で割ってはなりませんね。濃度に変換してから，足して２で割りましょう。濃度は，先に述べましたように，次のようになります。

$pH = 2 \Rightarrow [H^+] = 10^{-2} = 0.01$

$pH = 3 \Rightarrow [H^+] = 10^{-3} = 0.001$

従って，これらの平均濃度は，次のようになります。

$$\frac{0.01 + 0.001}{2} = 0.0055$$

これを再び，pH に戻しますと，

$pH = -\log(0.0055) \fallingdotseq 2.26$

正解　1

Q６ 化学で出てくるモルってわかりにくいのですが，どんな考え方なのですか？

A. モルとは何か？

そうですね。モルという考え方は，とくに初めて出てきますと面食らうことがありますね。決してあなただけではありませんので，ご安心下さい。長さの単位のメートルや重さの単位のキログラムなどはわかりやすいのに，「物質の量をモルで表す」と言われると「？」となってしまいますね。では，それをわかりやすく説明します。

モルとはダースと同じ

皆さんは，１ダースという単位をご存知でしょうか，主に鉛筆などに使われていたと思いますが，最近でも使っているでしょうか？12 個とか 12 本を一つのまとまりとして１ダースと言うのでしたね。ですから，24 本は２ダースで，30 本は２ダース半などと言いますね。

モルもこれと同じような考え方なのです。ただし，12 個でなくて，もっと大きい数字の 6×10^{23} 個という数をまとめて１モルと言います。ですから，12×10^{23} 個は２モル，18×10^{23} 個は３モルになります。分子や原子はすごく沢山あるものですから，こんな大きな数のまとまりで数えているのですね。この数（6×10^{23}）をアボガドロ数と言います。正確には，$6.02\cdots\times10^{23}$ となるのですが，普通は簡単に 6×10^{23} としています。

なぜ，そんな大きな数字を使うの？

でも，なぜこんな大きくややこしそうな数字を使うのでしょう。皆さんは「リンゴ 100 g とミカン 50 g を買った」という表現と，「リンゴ３個とミカン２個を買った」という表現のどちらがわかりやすいでしょうか。多分，場面によってその両方の言い方がありますよね。モルもほぼそれと同じなのです。

「酸素 32 g と水素 4 g を反応させた」という言い方もありますが，これを分子の数で言いますと「酸素 6×10^{23} 個と水素 12×10^{23} 個を反応させた」ということになって，これでも良いのですが，数字が大きすぎるので結構扱いにくいですね。そこで，１ダースと同じように，モルのまとまりである 6×10^{23} 個を使って，「酸素１モルと水素２モルを反応させた」と言うことにしているのです。このような言い方にしますと，「**酸素１個と水素２個を反応させた**」と言っているのと同じ感覚で扱えるのでとても便利になります。

実例で説明して下さい

ここで，先に述べた酸素と水素の反応について，モルの実例をもう少し詳しく考えてみましょう。反応式は，

$$2H_2 + O_2 \rightarrow 2H_2O$$

ですから，水素分子２個と酸素分子１個が反応して，水分子が２個生まれるのですね。しかし，水素分子などは１個や２個と言っても，私たちの感覚からしますとても小さいものであって量的には考えにくいので，ここでモルの考え方で考えてみます。

水素分子２個と言わないで，水素分子２モル＝ $2 \times 6 \times 10^{23}$ 個と酸素分子１モル＝ $1 \times 6 \times 10^{23}$ 個を反応させて，水分子が２モル＝ $2 \times 6 \times 10^{23}$ 個だけ生まれたと考えます。水素分子は H_2 で，水素の原子量は１ですので，水素分子の分子量は $H_2 = 2$，酸素分子の分子量は $O_2 = 32$，同様に，水分子は $H_2O = 18$ となります。

原子量や分子量に単位はないことになっていますが，その意味は１モル当たりの重さ（モル質量）ということであえて単位を書けば［g/mol］となります。従って，「H_2 ２モルと O_2 １モルから，２モルの H_2O ができる」を重さで表現しますと，「H_2 ４ g と O_2 32 g から，36 g の H_2O ができる」ということになります。

では，少し問題で練習してみましょう。

【問題１】　次の文章において，誤っているものを選べ。ただし，H＝1，C＝12，O＝16 とする。

1．A[mg]の水に含まれる酸素は$\frac{16\times10^{-3}A}{18}$ [g]である。

2．B[kg]の水は$\frac{10^{-3}B}{18}$ [mol]である。

3．メタノール C[g]と水 D[g]を混ぜた溶液のメタノール濃度は，

$$\frac{\frac{C}{32}}{\frac{C}{32}+\frac{D}{18}}\times100[\mathrm{mol\%}]である。$$

4．水 1 mol が完全に電気分解してロスがない場合に発生する水素は 2 mol である。

5．酢酸 1 mol が完全に嫌気性分解してロスがない場合に生じるメタンは 1 mol である。

解説

肢１：H_2O＝18 でその中の O＝16 ですから，A を 18 で割って 16 を掛けます。また，mg を g に換えるために 10^{-3} を掛けますと，次のようになります。

$$\frac{16\times10^{-3}A}{18}$$

肢２：g で表した質量を分子量で割ると mol になります。B［kg］の水は，10^3B［g］ですから，これを 18 で割ればよいでしょう。

従って，次のようになります。

$$\frac{10^{-3}B}{18}$$

肢３：メタノールは CH_3OH ですから CH_3OH＝32 ですね。すると，メタノール C［g］は C/32［mol］，水 D［g］は $D/18$［mol］ですから，メタノールのモルパーセントは次のようになります。

$$\frac{\frac{C}{32}}{\frac{C}{32}+\frac{D}{18}}\times100$$

肢４：水の電気分解の反応は次のようになります。

$$2H_2O \rightarrow 2H_2+O_2$$

つまり，水 2 mol から水素も 2 mol 発生しますので，等モルです。

肢5：少し応用問題です。嫌気性分解は酸素を消費しないで分解する反応です。詳細は後述します。第6編Q7（p 186）をご覧下さい。

酢酸の分子式は CH_3COOH となりますので，嫌気性分解の反応式は次のようになります。

$$CH_3COOH \rightarrow CH_4 + CO_2$$

この反応も肢4と同様に等モルですね。従って，メタンも1 mol 発生します。

正解　4

【問題2】　水酸化ナトリウム4gを水に溶解して1Lの水溶液を得た。この水溶液の濃度は何 mol/L であるか。ただし，NaOH＝40 とせよ。

1．0.1 mol/L　　2．0.2 mol/L
3．0.3 mol/L　　4．0.4 mol/L
5．0.5 mol/L

解説

水酸化ナトリウム4gは分子量の40を用いますと，0.1 mol になります。これが1Lの水溶液に溶けているのですから，濃度は，

$$\frac{0.1\ \text{mol}}{1\ \text{L}} = 0.1\ \text{mol/L}$$

となります。

正解　1

Q 7　化学反応式の係数は，どうやって決めたらよいのですか？

A. そうですね。大気関係でも水質関係でも，反応式の各物質の前に付く係数を決めてから解く問題が，それぞれ，それなりに出題されていますね。

例えば，酢酸が好気性バクテリアによって完全に酸化分解される反応は，

$$CH_3COOH + 2\,O_2 \rightarrow 2\,CO_2 + 2\,H_2O$$

となりますが，この反応式の係数，１，２，２，２などをどうやって決めるのかということですね。

そのための方法は，次のように二つあります。

(A)　順次決定してゆく方法（順次決定法）

(B)　係数の方程式を立てて解く方法（未定係数法）

この二つの方法のうち，(A)の方が手間が簡単ですから(A)でできる場合は(A)で行います。(A)の方法によっては難しいという場合に，(B)の方法を使うことになります。以下，問題を解く形で具体的に説明していきます。

(A)　順次決定法

これは，反応の主たる元素や重要な物質に着目して確実に定まる形で，順番に係数を決めていく方法です。

【例題１】メタノールが完全に好気分解される反応式はどのようになるか。

【解】 メタノールはメチルアルコールですから，CH_3OH で，これが完全に好気分解（酸化分解）されるのですから，O_2 によって CO_2 と H_2O になる反応です。まず，係数を書かずに物質だけを反応式にしてみます。

$$CH_3OH + O_2 \rightarrow CO_2 + H_2O$$

次に，この反応の主要物質である CH_3OH の係数をとりあえず１としてみます。次に CH_3OH の C について，それが右辺に行くと CO_2 になるのですから，

その係数も 1 になります。同様に H については，左辺に 4 つありますので，右辺の H も 4 つにするために H_2O の係数が 2 になることになります。この段階で

$$CH_3OH + xO_2 \rightarrow CO_2 + 2H_2O$$

という形になっていますね。最後に O_2 の係数 x を決めるために O の数を数えます。右辺の O は合わせて 4 個ですから，左辺も 4 個にするためには O_2 の係数は，次のようになります。

$$x = \frac{3}{2}$$

これを反応式に書けばよいのですが，反応式を見やすくするために，全体に 2 を掛けます。係数を全て整数にするためですが，勿論，分数のままにしておいたから悪いというものではありません。

結果は，

$$2CH_3OH + 3O_2 \rightarrow 2CO_2 + 4H_2O$$

となります。

Ⓑ 未定係数法

次に方程式を作って解く方法について説明します。

【例題 2】アルカリ液中のシアン（NaCN）が次亜塩素酸ナトリウムによって分解される反応式はどのようになるか。

【解】 反応に関係する物質を全てリストアップしなければなりませんが，ここは，次のようにわかっているものとして，その係数を，a～g と書いてみます。

$$a\mathrm{NaCN} + b\mathrm{NaOCl} + c\mathrm{NaOH} \rightarrow d\mathrm{N_2} + e\mathrm{Na_2CO_3} + f\mathrm{NaCl} + g\mathrm{H_2O}$$

ここで元素ごとに式を作っていくのですが，a～g の 7 つの未知数に対して，Na，C，N，O，Cl，H の 6 元素から 6 つの式しか作られませんので，式が不足のように思われるかも知れません。しかし，反応式は全体に同じ数字を掛けても成り立ちますので，1 つの未知数は独立に（好きなように）決めてもよいのです。

従って，NaCN の係数を 1 として次のように書き換えます。（先ほどの a～g などとは値が異なりますので注意して下さい。）

$$NaCN + aNaOCl + bNaOH \rightarrow cN_2 + dNa_2CO_3 + eNaCl + fH_2O$$

そして，各元素ごとに方程式を立てます。

Na：$1 + a + b = 2d + e$

C：$1 = d$

N：$1 = 2c$

O：$a + b = 3d + f$

Cl：$a = e$

H：$b = 2f$

これらの式を解いて，

$$a = e = \frac{5}{2}$$

$$b = d = 1$$

$$c = f = \frac{1}{2}$$

この係数を反応式にあてはめて，係数を整数にするために全体を２倍しますと，

$$2NaCN + 5NaOCl + 2NaOH \rightarrow N_2 + 2Na_2CO_3 + 5NaCl + H_2O$$

以下，問題を若干用意しましたので，練習してみて下さい。

【問題１】　りん酸排水を水酸化カルシウム水溶液で中和処理をする場合の反応式の係数はどのようになるか。

$$aH_3PO_4 + bCa(OH)_2 \rightarrow cCa_3(PO_4)_2 + dH_2O$$

選択肢	a	b	c	d
1	3	2	1	5
2	2	3	1	6
3	3	2	2	4
4	2	3	2	5
5	4	3	2	1

解説

中和反応ですので，酸とアルカリの反応です。方程式を作って解いてもよいのですが，中和で生成した塩がりん酸カルシウムで，これがアルカリ成分 Ca

が3基，酸成分 PO_4 が2基からなっていますので，$Ca(OH)_2$ の係数を3，H_3PO_4 の係数を2とすればよいことがわかります。水の係数は，水素の数を数えると12個ですので，係数を6とします。

結果が次のようになります。

$$2H_3PO_4 + 3Ca(OH)_2 \rightarrow Ca(PO_4)_2 + 6H_2O$$

正解　2

【問題2】 しゅう酸カリウムが過マンガンカリウムによって酸化される反応式はどれか。

$$aK_2C_2O_4 + bKMnO_4 + cH_2SO_4$$
$$\rightarrow dMnSO_4 + eK_2SO_4 + fCO_2 + gH_2O$$

選択肢	*a*	*b*	*c*	*d*	*e*	*f*	*g*
1	5	2	8	2	6	10	8
2	2	5	2	5	8	8	6
3	5	2	8	4	10	6	4
4	2	5	2	2	8	8	2
5	5	2	8	5	6	10	2

解説

この式は，方程式の方法で行うことがよろしいでしょう。一つの未知数は自由に決められますので，$a=1$ として，b～g の式を立ててみます。

K ：$2+b=2e$

C ：$2=f$

O ：$4+4b+4c=4d+4e+2f+g$

Mn：$b=d$

S ：$c=d+e$

H ：$2c=2g$

これを整理して最終結果を示しますと，

$$5K_2C_2O_4 + 2KMnO_4 + 8H_2SO_4 \rightarrow 2MnSO_4 + 6K_2SO_4 + 10CO_2 + 8H_2O$$

正解　1

Q８ 反応式を用いて反応量を求める計算の方法を教えて下さい。

A. 化学反応式をもとにして，物質の反応量や生成量を求める問題は公害防止管理者の国家試験の問題にも出題されますね。モルの考え方を用いて，物質の量を求めます。例えば，

$$aA + bB \rightarrow cC + dD$$

という反応式においては，a モルのＡと b モルのＢとが反応して，c モルのＣと d モルのＤとが生成します。

以下，問題の例をもとに学習してみましょう。

【問題】　10％（w/w）の濃度の酢酸水溶液が嫌気性発酵して発生するメタンは，最大でどれだけか。ただし，C＝12，O＝16，H＝1とする。

1．0.33 m^3_N
2．0.37 m^3_N
3．0.41 m^3_N
4．0.45 m^3_N
5．0.49 m^3_N

解説

まず，反応式を立てます。

$$CH_3COOH \rightarrow CH_4 + CO_2$$

次に，酢酸のモル量を求めますと，10％（w/w）ということは10 kgの水溶液の中に，1 kgの酢酸純分があるということですから，CH_3COOH＝60によって，

$$1\ \mathrm{kg} \div 60\ \mathrm{g/mol} = 16.7\ \mathrm{mol}$$

この反応の効率が100％の場合は，酢酸と等モルのメタンが生成しますので，それを体積に換算します。

$$16.7\ \mathrm{mol} \times 22.4\ L_N/\mathrm{mol} = 374.1\ L_N = 0.37\ m^3_N$$

この L_N は標準状態の体積（リットル）です。

正解　2

気体のモル量が分かると
分子量が分からなくても
体積は 出せる
のだね
気体

喫茶室　みみずコンポスト

コンポストとは「堆肥（たいひ）」のことです。「堆肥」というのは，堆積する，すなわち「積み上げて肥料にした」という意味で，以前は多くの農家で人や家畜の糞尿やわらを積み上げて発酵させ，畑の肥料として利用していたのです。生ごみなどの有機性廃棄物からつくる堆肥の製造装置としては，大がかりなコンポスト化プラントから，家庭用の小型生ごみ処理機まで多種多様なものがあります。

その中で，みみずコンポストが注目されています。みみずコンポストとは，みみずに生ゴミを食べさせて減らすことを言います。欧米では農場から出る家畜の糞の処理や，その他の施設から出る生ごみなど，たくさんの有機ゴミの処理に「みみず」が使われています。

水分管理や生ごみを小さくしてやることなど管理上の注意はある程度必要ですが，みみずコンポストの特徴は，「ほとんど匂わず」，「小さなスペースで」，「電気を使わず」，「早く」，「安く」処理し，質の高い「肥料を作る」ことができるということです。

この種の生ごみ処理が普及すると環境問題の改善にとってかなり大きな力になると思います。肥料も取れるので，畑もできることになります。農住近接のスタイルで循環型社会を目指そうではありませんか。

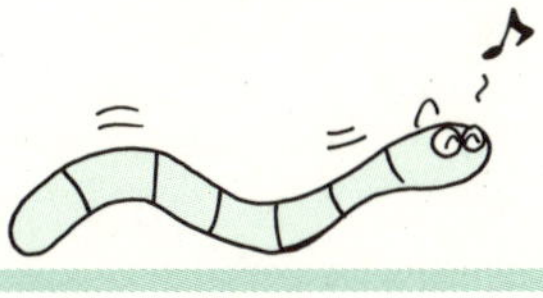

Q 9　物質収支とは，どういうことですか？どういうところで役に立つのですか？

A. 物質収支とは

物質収支とは「収支」ですから，家計簿の収支と話はほぼ同じです。工場のプロセスや自然界の特定の領域において，入るものと出るものとがバランスを保つことを言います。収入と支出の他に，貯金することや失くしてしまうこともありますから，基本はある領域において，

〔入ってきたもの〕=〔出てゆくもの〕+〔たまったもの〕+〔失くなったもの〕

という単純な関係になります。

物質収支はどんなところで使えるのですか？

物質収支は，データさえあれば，水質関係では工場の各工程や排水処理施設に適用することも，河川の流れや海湾などのエスチャリーに適用することもできます。

また，公害防止管理者になられた暁のお仕事にも十分役に立つ知見，あるいは技術となります。

次のページから，関連する問題を載せてありますので，物質収支の事例として学習下さい。

【問題1】 **図のように2つの河川AおよびBが合流して河川Cとなっている。それぞれの流量 F_A，F_B，F_C（$=F_A+F_B$）が既知で，かつ，河川Aと河川Cのある物質の濃度がそれぞれ，C_A，C_C と判明しているとする時，河川Bの濃度 C_B はどれだけか。F_A，F_B および C_A，C_C で表せ。ただし，この物質は揮発や沈積などによって河川から出ることはなく，また，これら以外の要因でこの系に入るものもないとする。**

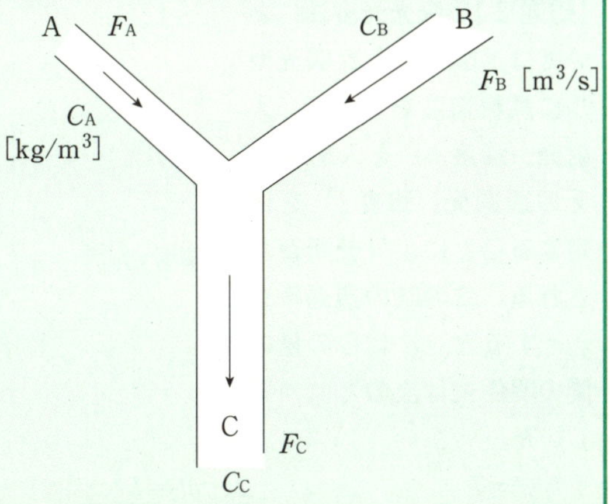

1．$(F_A+F_B)(C_C-C_A)$　　2．$(F_A+F_B)C_C-F_AC_A$

3．$\dfrac{(F_A+F_B)C_C-F_AC_A}{F_A+F_B}$　　4．$\dfrac{(F_A+F_B)(C_C-C_A)}{F_B}$

5．$\dfrac{(F_A+F_B)C_C-F_AC_A}{F_B}$

解説

合流地点を境に物質収支を取ってみます。先の解説では「ある領域」といいましたが，この問題のようにある合流点を基準にそれに入るものとそれから出るもののバランスをとることも物質収支の一種です。

まず，合流点に入る物質の量は，

$$F_AC_A+F_BC_B$$

合流点から出てゆく物質の量は，

$$F_CC_C$$

これらが等しいはずですから，等置して，

$$F_AC_A+F_BC_B=F_CC_C$$

単純ですが，これが物質収支です。これより，濃度 C_C を求めて，F_A，F_B および C_A，C_C で表しますと，

$$C_B=\frac{F_CC_C-F_AC_A}{F_B}=\frac{(F_A+F_B)C_C-F_AC_A}{F_B}$$

正解　5

【問題２】　吸光光度法においては，図のような吸光セルに試料溶液を入れて，入射光（強度 I_0）を入射させ，その透過光（強度 I）を測定することにより分析がなされる。この時の透過率を η とすると，これらの量の間の関係式は次のどれが正しいか。

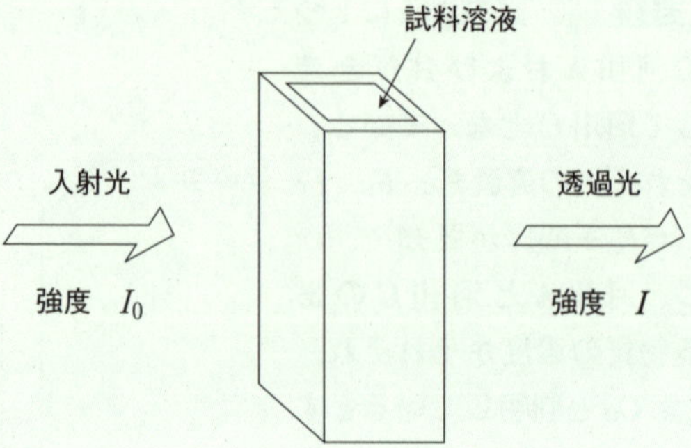

１．$\eta I = I_0$　　　２．$\eta I_0 = I$　　　３．$I_0 - I = \eta$

４．$\dfrac{I - I_0}{I} = \eta$　　　５．$\dfrac{I_0 - I}{I_0} = \eta$

解説

これは光の強度の収支ですが，物質収支と同じように考えてみます。つまり，吸光セルに入った光と透過した光そして，吸収された光との関係を収支の形で考えることになります。次のような関係になるはずですね。

セルに入った光＝吸収された光＋透過した光

透過率が η ということは，吸収された率は１$-\eta$ ということになりますから，吸収された光は（１$-\eta$）I_0 となります。これらをもとに，与えられた量を適用してみますと，

$$I_0 = (1 - \eta) I_0 + I$$

これを整理しますと，

$$\eta I_0 = I$$

正解　２

【問題3】 図のような向流型水洗装置において，洗浄対象物質を含む製品が洗浄水によって洗浄されている。洗浄前の製品中の対象物質濃度を x_0 [kg/kg]，水洗後のそれを x_1 [kg/kg]とし，また，洗浄水中のその物質濃度を y_0 [kg/kg]，洗浄後のそれを y_1 [kg/kg] とすると，洗浄後の洗浄水濃度 y_1 は他の変量によってどのように表されるか。ただし，この工程において製品流量および洗浄水量に変化はなくそれぞれ F [kg/h] および G [kg/h] とする。

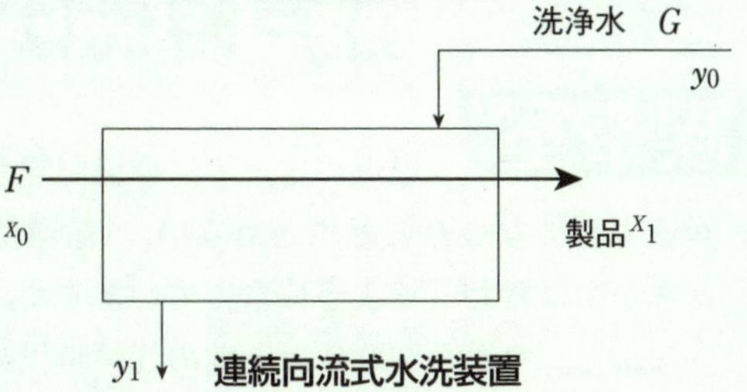

連続向流式水洗装置

1．$\dfrac{G}{F}(x_0-y_0)+x_1$　　2．$\dfrac{F}{G}(x_1-y_0)+x_0$

3．$\dfrac{F}{G}(x_0-y_0)+x_1$　　4．$\dfrac{G}{F}(x_0-x_1)+y_0$

5．$\dfrac{F}{G}(x_0-x_1)+y_0$

解説

ここでも装置に入るものと装置から出るものとを計算します。装置に入る量は，合計で，

$$Fx_0+Gy_0$$

また，装置から出る量の合計は，

$$Fx_1+Gy_1$$

これらが等しいとみなしますので，

$$Fx_0+Gy_0=Fx_1+Gy_1$$

$$\therefore\quad F(x_0-x_1)=G(y_1-y_0)$$

これが求める関係式です。いま，例えば，洗浄後の洗浄水濃度 y_1 について解いてみますと，次のようになります。

$$y_1=y_0+\frac{F}{G}(x_0-x_1)$$

正解　5

喫茶室　江戸時代は循環型社会？

最近になって，環境問題が以前にも増して話題にあがるようになったことにともない，「循環型社会にしてゆくべきだ」とさかんに言われるようになっていますね。

なんと，今から200年以上前の江戸時代の方が，今よりもはるかに「循環型社会」だったのです。勿論，今よりも物が非常に少ない時代だったこともその要因の一つですが，物は捨てずにできるだけ大切に使って，使えなくなっても，形を変えてできるだけ使うということを徹底していた時代でした。

「江戸時代に学ぶ」という考えも環境問題を考える上で大切なことです。時代も違いますから全て江戸時代と同じというわけにはいきませんが，考え方の上で重要なことは大いに取り入れるべきでしょう。

第5編

水質概論

どのような問題が出題されているのでしょう！

（出題問題数　10問）

1）ほぼ毎年出題されているものとして，次のような内容が挙げられます。

- ・水質汚濁防止法関係　約3題
- ・環境基準・排出基準　1～2題
- ・特定工場関係　1題
- ・健康影響関係　1題

2）毎年ではなくても，それに準じて出題されているものとしては，次のようなものがあります。

- ・富栄養化関係
- ・BOD混合計算
- ・BOD自浄作用
- ・業種と排出水の関係
- ・化学物質の用途と毒性
- ・エスチャリー関係
- ・水質測定結果

Q 1　水質関係の歴史的なことはどの程度押さえておいたらよいでしょうか？

A. 有名な水質関係の出来事については，さほど詳しくなくても結構ですが，大まかなところは把握しておきましょう。歴史の流れに沿って，いくつか振り返ってみましょう。

足尾鉱毒事件

水質汚濁問題は，明治以前からもあったと思われますが，多数の沿岸住民に被害をもたらした最初の事件としては，明治初期に足尾銅山の坑内排水が渡良瀬川に流れ，水稲に被害を与えた事件が挙げられます。その後，産業の近代化に伴う汚水の増大と多様化により，各地で汚濁問題が生ずるようになりました。

第二次大戦後の産業復興期

この時期には，東京江戸川下流でパルプ工場の汚水による漁業被害の問題をめぐって紛争が発生するなど，水質汚濁が大都市などを中心に次第に拡大しました。また，昭和 30 年頃から，水俣病などの不幸な事件も起こりました。

このような背景から，地方公共団体では条例制定等の対策がとられ，また国においても，昭和 33 年に水質保全法（公共用水域の水質の保全に関する法律）と工場排水規制法（工場排水等の規制に関する法律）のいわゆる水質 2 法が制定され，水質汚濁に対する法的規制が開始されました。しかし，水質 2 法は対象地域が限定され，規制内容も徹底していませんでしたので，環境保全の要請に対応できないことが多く生じました。

経済の高度成長期

昭和 30 年代後半から 40 年代にかけて日本経済は高度成長しましたが，これに伴って，公害問題も一層広域化しかつ深刻化して，第二水俣病といわれる阿賀野川水銀汚染や富山県婦中町のイタイイタイ病問題などがあいついで発生しました。従って，42 年には公害対策基本法が制定されて公害対策を総合的に推進する方針が提起され，45 年のいわゆる「公害国会」において，公害対策に関する法制度の抜本的な整備強化が行われました。水質関係の水質汚濁防止法や海洋汚染防止法なども制定されました。翌 46 年には，環境庁が設置され，水質保全行政を環境保全の視点から一元的に担当することになりました。

水質総量規制

瀬戸内海などの内海（閉鎖性海域）では，人口や産業の集中による水質汚濁の進行，赤潮の多発など環境悪化が深刻になり，瀬戸内海環境保全臨時措置法が制定され，また水質総量規制が制度化されて，瀬戸内海の他に，東京湾，伊勢湾でも実施されました。加えて，改善が進まない湖沼の水質汚濁に対応して湖沼水質保全特別措置法が制定されています。

日本における歴史的な公害事件

表にまとめてみましたので，参考にして下さい。

水質公害関連の事件	国などの対応
1878 年　栃木県渡良瀬川で足尾銅山による鉱毒汚染が激化	**1880 年**　栃木県令，渡良瀬川の魚を有毒と警告
1891 年　田中正造代議士が衆院で初質問（国会での最初の公害質疑）	**1946 年～1955 年**　日本国憲法公布（施行翌年）国は公害問題への対応が遅れることが多かった。1949 年に東京都，1951 年に神奈川県，1955 年に大阪府が国に先駆けて公害防止条例を公布
1901 年　田中正造が議員辞職し天皇へ直訴	
1922 年　富山県神通川流域で奇病発生	
1956 年　熊本県水俣で原因不明の奇病発生	
1958 年　東京都江戸川区のパルプ工場の汚水事件	**1958 年**　工場排水規制法，水質保全法，下水道法の制定
1959 年　有機水銀が水俣病の原因とされる	
1964 年　新潟県阿賀野川でも有機水銀による中毒発生（第二水俣病）	**1963 年**　通産省に産業公害課設置
	1964 年　厚生省に公害課設置
1966 年　富山県神通川流域でイタイイタイ病が顕在化	**1967 年**　公害対策基本法制定
	1970 年　公害国会（公害関係各種法案を国会で可決）
1970 年　静岡県田子の浦のヘドロ公害	
1972～73 年　四大公害訴訟がいずれも原告側勝訴（熊本・新潟水俣病，イタイイタイ病，四日市ぜん息）	**1971 年**　環境庁設置
	1980 年　三大閉鎖性海域の排水総量規制（東京湾，伊勢湾，瀬戸内海）
［この後は，工場による深刻な産業公害事件の発生は見ていません。］	**1982 年**　湖沼の窒素，りんの環境基準設定
	1992 年　第二回国連世界人間環境会議
1997 年　ロシア船籍ナホトカ号福井県三国町沖合にて座礁，原油流出被害大	**1993 年**　環境基本法制定

Q２ 水質関係の環境基準や排出基準がたくさん決められていますが，これらの数値をすべて覚えなければなりませんか？

A. 水質関係の環境基準

水質関係の環境基準に関係して，次に示しますように本来の環境基準２分類（①，②）に加えて，近年検討されている要監視項目（③，④），さらには，地下水に関係するもの（⑤）などがあります。

① 人の健康の保護に関する環境基準
② 生活環境の保全に関する環境基準(類型ごとに定められる数値)
③ 水質汚濁に係る要監視項目
④ 水生生物の保全に係る要監視項目
⑤ 地下水に係る環境基準（基本的に①と同じになっています）

水質関係の排水基準

水質関係の排水基準は，次のような区分によって定められています。

① 有害物質に関する一律排水基準（全 27 項目）
② その他の物質や項目に関する一律排水基準（全 15 項目）

環境基準や排出基準を覚える必要は？

たしかに，上記のように水質関係の環境基準や排出基準は，かなりたくさん定められていますね。河川や海域，湖沼などの類型によって異なるものもあります。さらには，近年追加された全窒素，全りん，あるいは全亜鉛などもあります。これらの数値は，とてもとても覚えられるものではありませんね。全部を覚える必要はないでしょう。

ただし，過去問を見ますと，まったく無視するわけにもいかないようです。例えば次のような観点で重要な数値や，傾向などをある程度は押さえておく必要はありそうです。過去には，BOD の環境基準を覚えておかなければ解けないような問題もごくわずかですが出題されています。

① 排出基準の数値は環境基準の何倍くらいになっているか。

② 環境基準で，「検出されないこと」とされている項目は何と何か。それに対応する排水基準はどのようになっているか。

③ 数値は別として，環境基準や排出基準に入れられている項目であるか。

④ 類型ごとの数値の傾向はどのようになっているか。

⑤ その他，重要と思われる項目の数値：pH，BOD，COD など

水域の有機物の環境基準としては川ではBODなのに海や湖ではCODが採用されているね
河川 BOD
湖沼COD
海域COD
そうだね 湖や海では水が停滞していて生物の影響を受けやすいのでBODが正確に分析しにくくCODが採用されたらしいね
海では塩分の影響もあるしね

【問題】 次の中で，河川域の水質関係環境基準の項目にあるものはどれか。

1．COD　2．BOD　3．全窒素

4．全りん　5．ノルマルヘキサン抽出物質

解説

どれも水質関係環境基準の項目にありそうなものばかりのようですが，河川域では，この中で肢2のBODだけが挙げられています。その他の項目は，湖沼域や海域のいずれか，あるいは双方では定められています。項目として次にまとめてみますので，確認しておいて下さい。

水域	pH	BOD	COD	SS	DO	大腸菌群数	ノルマルヘキサン抽出物質	全窒素	全りん	全亜鉛
河川	○	○	－	○	○	○	－	－	－	○
湖沼	○	－	○	○	○	○	－	○	○	○
海域	○	－	○	－	○	○	○	○	○	○

正解　2

Q3 水質汚濁防止法とはどんな法律なのですか？それについて教えて下さい。

A. 水質汚濁防止法の目的

まとめますと次のようになります。ただし，本法の適用範囲は工場，事業場からの「公共用水域」（河川，湖沼，港湾，海域等）への水の排水と地下への浸透ですが，下水道への排水には適用されず下水道法の規制を受けます。また，環境基本法の規定にかかわらず，この法律では水底の底質の悪化は対象となっていませんので，要注意です。

① **第一目的**

・国民の健康を保護すること
・生活環境を保全すること

そのための手段

・工場，事業場からの排出水と地下浸透水の規制
・生活排水対策の実施を推進

② **第二目的**

・水質関係の健康被害において，被害者の保護を図ること

そのための手段

・排出事業場の損害賠償責任について定めること

本法の排水規制等の対象

・特定事業場から公共用水域（河川，湖沼，海域等）に排出される排出水
・有害物質使用特定事業場から地下に浸透する水（特定地下浸透水）

排水基準

① **一律基準**

全国一律に適用される基準です。有害物質（カドミウム，全シアン，六価

クロム等の27項目）と生活環境項目（pH，BOD，COD等の10項目）に分けられます。50 m^3/日の工場または事業場の排出水に適用されます。

② **上乗せ基準**

都道府県知事が水域を指定して条例で定める基準です。都道府県知事は上乗せ基準を設定する場合には，あらかじめ環境大臣および関係都道府県知事に通知することになっています。

排水基準に関する遵守事項

特定施設等の届出

次の施設を設置しようとする時は，所定の事項を都道府県知事に届け出る義務があります。

・特定施設（公共用水域へ水を排出する場合）

・有害物質使用特定施設（有害物質に係る汚水を地下に浸透する場合）

また，特定施設の構造等の変更についても所要の届出義務があり，行わなかった者には罰則の適用があります。

計画変更命令

都道府県知事は，特定施設等の届出内容が排水基準に適合しないと認められる時，届出の日から60日以内に限り，計画の変更あるいは設置計画の廃止を命ずることができます。従って，逆に届出が受理された日から60日以内であれば，設置または変更の届出を行うことができます。

改善命令等

都道府県知事は，排出水を排出する者が排水基準違反の排出水を排出するおそれがあると認められるときは，期限を定めて改善命令が出せます。

排水基準違反への直罰

排出水の違反に対しては直罰が可能で，かつ両罰規定（違反者と会社の両方を罰します）があります。

Q 4　水質汚濁の要監視項目にイソキサチオンとかフェノブカルブなどの見たこともない物質名が出てきますが，これらも覚えないといけないでしょうか？

A. どこまで覚えるべきか？

それほど細かいことまではきかれないと思います。一応，要監視項目に入っていたか，いなかったかということを押さえておかれる程度でよいでしょう。まして，指針値はどのくらいであったか，などを覚えることは要りません。

ただ，できれば大まかな分類として，それらが農薬であった，あるいは有機塩素化合物であった等の分類がわかると，なおよろしいかと思います。以下にその分類を整理してみます。

1）有機塩素化合物

クロロホルム，トランス-1,2-ジクロロエチレン，1,2-ジクロロプロパン，*p*-ジクロロベンゼン，塩化ビニルモノマー（塩化ビニル原料），クロルニトロフェン（CNP，有機塩素化合物），プロピザミド（有機塩素化合物）

2）農　薬

①　殺菌剤

イプロベンホス（IBP，有機りん系），イソプロチオラン（殺菌剤，含硫黄有機物），クロロタロニル（TPN，有機塩素系），オキシン銅（殺菌剤）

②　殺虫剤

イソキサチオン（有機りん系），ダイアジノン（有機りん系），EPN（有機りん系），ジクロルボス（DDVP，有機りん系），フェニトロチオン（MEP，有機りん系），フェノブカルブ（BPMC，防蟻剤，含窒素有機物）

③　除草剤

クロルニトロフェン（CNP，有機塩素化合物），プロピザミド（有機塩素化合物）

３）金属類

ニッケル，モリブデン，マンガン，ウラン

４）半金属類

アンチモン

５）その他の有機物

フタル酸ジエチルヘキシル（可塑剤），エピクロロヒドリン（接着剤，塗料），1,4−ジオキシン（発がん性物質）

なお，これらの中で，1,4−ジオキシンはいわゆるダイオキシンとは別な化合物です。1,4−ジオキシンにベンゼン環が縮合したものがジベンゾ−1,4−ジオキシンとなって，これに塩素が多数付加したものがダイオキシン（ポリ塩化ジベンゾパラジオキシン，PCDD）の一分類になります。

また，フェノブカルブは，スペルがfenobucarbです。英語読みでフェノブカーブ，ドイツ語読みでフェノブカルプとなります。有害物質で出てきますチオベンカルブもthiobencarbで，チオベンカーブ（英語読み）あるいはチオベンカルプ（ドイツ語読み）となります。

Q５　富栄養化とはどんな状態を言うのですか？その現状も教えて下さい。

A. 富栄養化とは

富栄養化とは，海や湖などの水域において，りんや窒素などの栄養分があり過ぎることを言います。人間もそうですが，栄養分が足りないと栄養失調症というようなことを（最近はあまり言わないですが）昔は言いました。近年は逆に人間も栄養があり過ぎて困ることの方が多くなっているようですが，海や湖でも同じようなことが起きているのです。

水域において全く栄養がないと，当然のことですが，生物は生きられません。適度に栄養分があればその分だけ小さな生物からある程度大きな生物までが豊かな生態系を作ることができます。地球上では，これまでこのような適度な栄養によって生物にとって生活しやすい，望ましい生態系が作られてきました。

しかし，何事も「過ぎたるは及ばざるが如し」（過剰なことは，足りないのと同じように困ったものだ）ということなのでしょう。水域においても栄養分が多すぎますと，かえって多くの生物にとってすみにくくなってしまうのです。その栄養を摂取してバクテリアなどが異常に繁殖してしまうと，酸欠（酸素欠乏）になってより大きな生物がすめなくなります。バランスということがここでも大事なのですね。

ここで言う栄養分とは，有機物やりん，窒素のことです。一般に，畑の三大栄養素ということで，りん，窒素とカリウムが挙げられますが，カリウムは湖や海では通常，ふんだんにあるため不足するようなことはありません。栄養分のうち，それが不足すると生物が生きられない栄養分のことを制限因子と言っています。結構多くあるのでカリウムは制限因子にはならないのです。通常は，有機物およびりん，窒素が制限因子になります。

富栄養化とは，言葉としては悪くない字面（じづら）に見えますが，実質的には「腐栄養化」と言った方がぴったりな状況を示します。そのような状況になって繁殖するものは，海域では有名な赤潮や，湖ではアオコというものが知られています。

富栄養化はまだまだ起きている

以前から富栄養化は話題になっており，十分対策もとられてきているようなので，もうその問題はなくなっているかのように思われるかもしれませんが，まだまだ発生しています。

日本国内でも，水域の有機物対策はかなり進んでいますが，窒素やりんの対策は遅れています。また，近隣諸国の経済成長のために，それらの諸国の海域の富栄養化の影響が日本近海にも及んでいます。

例えば，エチゼンクラゲが大量に発生して漁業関係者やその他に多くの被害が報告されつつあります。エチゼンクラゲというので，名前からして日本のクラゲのようですが，実際には近隣諸国で流される栄養分で増え，海流に乗って日本近海まで来ているのです。また，世界各地の海でも富栄養化しているところでは，クラゲの被害が増えています。

【問題】 富栄養化対策として，有効ではない項目は次のうちのどれか。

1．硝酸イオン　　2．アンモニアイオン　　3．亜硝酸イオン
4．カリウムイオン　　5．BOD もしくは COD

解説

カリウムも十分に減らすことができれば有効なはずですが，一般の水域には土壌から溶け出してきてしまうカリウムイオンが非常に多くあります。除去してもまた溶け出しますので実質的に無くすことはできません。

正解　4

Q6 なぜ生物は環境中にある低濃度の有害物質まで濃縮してしまうのですか？

A. 生物濃縮とは何か

文字通りに言えば，生物が低濃度の物質を高濃度に濃くしてしまうことです。それが自分に害のある物質であっても濃縮してしまうことがあります。何か非常に不自然ですね。

生物濃縮はなぜ起こるのか？

熱が高温から低温に必ず流れるように，物質も本来は濃い部分から薄い部分へと流れるはずのものです。しかし，例えば熱機関という機械を使うことによって，つまりクーラーや冷蔵庫のように外部から電気などのエネルギーを入れてやることによって，普通には起こらないはずの熱の移動，つまり低温から高温への熱の移動が可能になります。

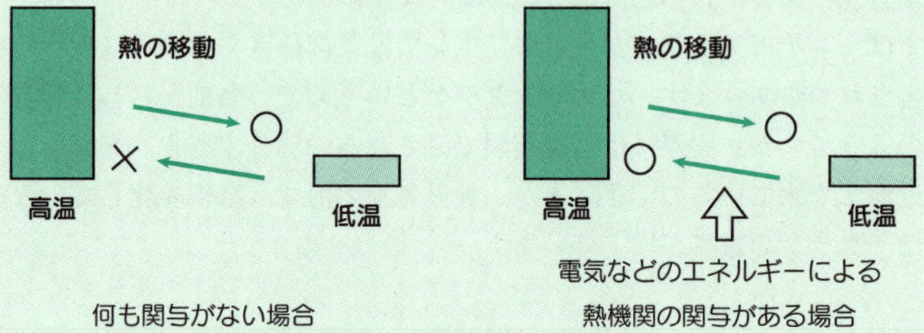

図 5-1　熱の移動の有無

これと同様に，物質についても，生物の関与によって，次のように低濃度から高濃度への物質の移動が起こり得ます。そして生物の体内にため込まれることになります。

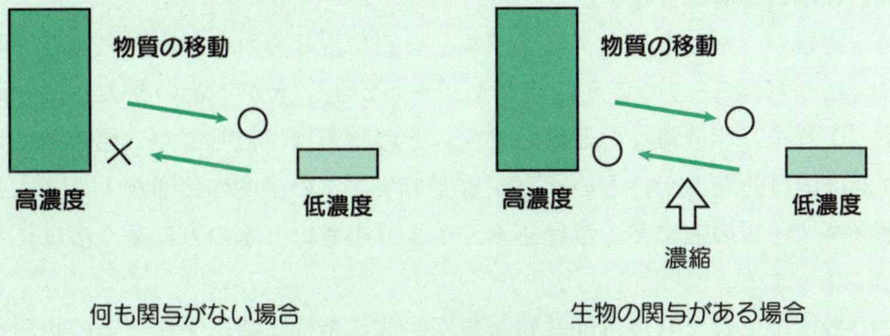

図 5－2　物質の移動の有無

このように起こる生物濃縮において，とくに有害な重金属あるいは有機塩素化合物や環境ホルモンなどが生物の体内にたまることは大きな問題とされています。当然のことですが，生物はため込みたくてため込んでいるわけではありません。主に脂溶性物質（油に溶けやすい物質）が生物の体内の内臓などにたまってしまうと，血液など体外に排出するルートは一般に水溶性（水に溶ける性質）ですから，水に溶けやすい物質は容易に体外に出されますが，脂溶性の有害物質などはなかなか体外に出ません。重金属などもたんぱく質と結合してしまったりするとやはり体外に出て行きにくくなります。

オクタノール/水分配係数

脂溶性か水溶性かを判断する指標として，オクタノール/水分配係数があります。K_{OW} あるいは P_{OW} などと書かれ，数字の大きさの便宜のため，$\log K_{OW}$ や $\log P_{OW}$ で扱われることも多くなっています。

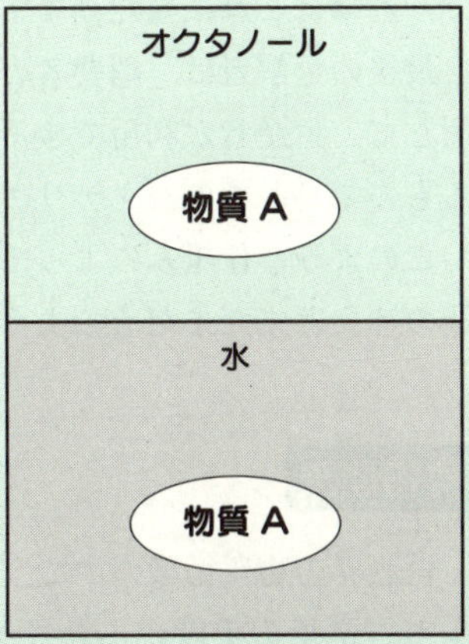

図 5－3　物質 A の分配

ここでいうオクタノールはノルマルオクタノールで，炭素が8個のアルコールです。水酸基 -OH を持ちますので，この部分は水となじみやすいのですが，炭素が8個も長く並んで付いていますので，このオクチル基が全体として油になじみやすい性質を出していて，油の代表となっています。脂溶性は親油性，疎水性などと表現されることもあります。

ある物質が，水およびオクタノールと一緒に混ぜられて静置されると，時間が経つにつれ図5-3のようにオクタノールが上，水が下というように分かれます。これを二相分離などと言います。その物質ははたして，二相のどちらにどれだけ溶け込むのか，という点が重要です。この濃度の比率が1より大きいとオクタノールの方に多く溶け込み，1より小さいと水の方に多く溶け込んだことになります。

この指標は，かなり魚毒性試験結果や生体蓄積性試験結果などとの相関を取るために利用されています。

$\log K_{OW}$ で表されたこの係数の値が1だけ違っても，濃度としては10倍の違いになりますね。添え字のoはオイル，wは水を表しています。

自然界の生産者・消費者・分解者

ここでいう生産者とは，太陽のエネルギーを受けて，自然界の無機物質から生体物質（有機物）を合成する能力のある生物を言います。らん藻などの光合成バクテリアや，ほとんどの植物がそれに当たります。

これに対して，消費者とは，生産者の生産した有機物を食べて生活のエネルギーとするもので，動物はこれに当たります。

最後の分解者は，消費者の排泄物や死骸を分解して，生産者が利用できる形にする仕事をするもので，多くのバクテリアが行います。

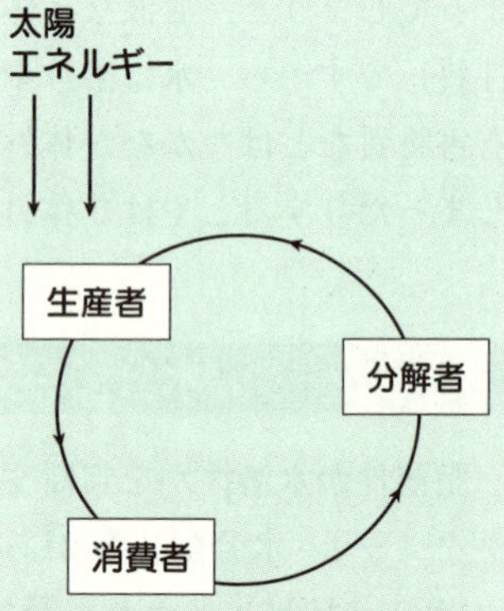

図 5-4　物質循環の輪

このような仕組みによって，自然界は完全な循環型社会を作っています。人間の社会はまだまだそのような仕組み（循環型社会）にはなっていませんね。

食物連鎖

自然界の物質循環の中で，生産者以外は他の生物を栄養とするしか生活エネルギーを得る手段がありませんので，他の生物を食べることになります。AがBを食べ，BがCを食べるというふうに，連鎖的に多くの生物が捕食関係にあります。これを，**捕食－被食関係**と言いますが，それを連鎖と見て**食物連鎖**，網と見て**食物網**，あとで食べる生物ほど数が少なくなりますので，**食物ピラミッド**などと言うこともあります。

蓄積性の物質は，この食物連鎖のシステムから外に出ることがありませんので，あとで食べる生物ほど体内に高濃度で蓄積されることになります。

生物濃縮に関する係数

次のような係数が定義されます。海や河川など水中での濃縮では生物濃縮係数が，陸上の食物連鎖では生体内蓄積係数が用いられます。

① **生物濃縮係数（BCF，Bio-Concentration Factor）**

環境水１L 中の物質が，食べた生物の体の１kg 中にどれだけ濃縮されるかという係数になります。

$$\text{生物濃縮係数 [L/kg]} = \frac{\text{食べた生物の体内の濃度 [mg/kg]}}{\text{環境水中の濃度 [mg/L]}}$$

② **生体内蓄積係数（BAF，Bio-Accumulation Factor）**

１kg の被食生物や餌が含まれる堆積物などの中の物質が，食べた生物の体の１kg 中にどれだけ濃縮されるかという係数です。

$$\text{生体内蓄積係数 [kg/kg]} = \frac{\text{食べた生物の体内の濃度[mg/kg]}}{\text{被食生物や堆積物等の中の濃度[mg/kg]}}$$

Q 7　BODなどの発生原単位とは，いったいどんな指標で，どのように使われるのですか？

A. 発生原単位とは

本来「原単位」とは，工場などで製品1トンを作るための原料や用役（水，電気，蒸気など）の必要量を言う言葉ですが，環境関係において，「発生原単位」とは，一人一日当たりの発生量のことを表現しています。

BOD発生原単位

人間が生活すると必ずなにがしかの有機物を排出します。それを一人一日当たりのBOD量に換算して数値にしたものがBOD発生原単位です。生活様式，家族構成，職業，季節，天候，曜日や地域の特性等によって数字的には幅がありますが，平均として全BOD発生原単位は約43 g/(人・日) となっています。簡便にはこれを50 g/(人・日) で計算する場合もあります。そのうち，約30%がし尿排水，約70%が生活雑排水となっています。より詳しい内訳は，次のようになっています。

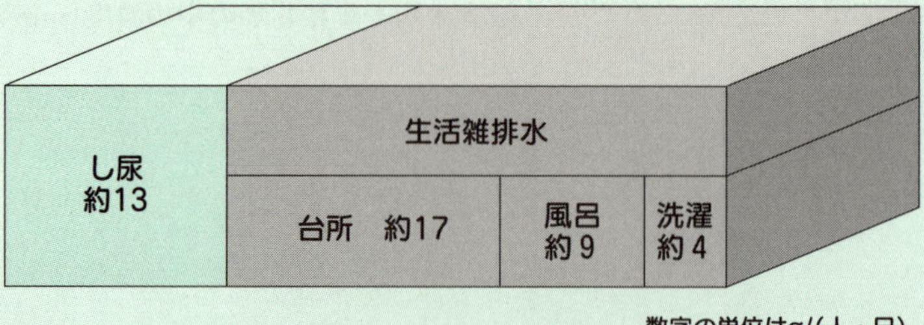

図 5-5　BOD発生原単位

窒素およびりんの発生原単位

BODと同様に富栄養化の原因物質である窒素およびりんについても，人間が生活する際に排出する量としての発生原単位が用いられます。一般に次のような数値となっています。

・窒素　1.3～2.3 g/(人・日)

・りん　0.15～0.40 g/(人・日)

発生原単位は主にどのように使われるのか？

最もよく用いられるケースとしては，下水処理場の建設にあたって，その規模をどのようにするかという見積もりに用いることが挙げられます。

例えば，人口 10 万人の都市における下水処理場はどの程度の規模で作ればよいのか，という点については，次のような概算をすることができます。

つまり，BOD 発生源単位を 43 g/(人・日) としますと，

$$43\ \text{g}/(\text{人}\cdot\text{日})\times 100{,}000\ \text{人}=4.3\times 10^6\text{g}/\text{日}$$

$$=4.3\ \text{トン}/\text{日}$$

つまり，１日に 4.3 トンの BOD を処理する設備を計画しなければならないことになります。

標準的に，500 g/(m^3・日) の BOD 容積負荷の処理装置で考えますと，次のような大きさのばっ気装置を要することになります。

$$4.3\times 10^6\text{g}/\text{日}\div 500\ \text{g}/(\text{m}^3\cdot\text{日})=8{,}600\ \text{m}^3$$

仮に，深さ 2 m のばっ気槽では，4,300 m^2(＝約 66 m×66 m) の広さが必要です。

【問題】　人口 2,000 人の町の下水処理場において，下水の窒素処理をするには，一日にどれだけの窒素を処理すればよいか。ただし，窒素の発生源単位を 2.0 g/(人・日) と仮定する。

１．1 kg/日　　２．2 kg/日　　３．3 kg/日

４．4 kg/日　　５．5 kg/日

解説

この問題は，単純に人口と窒素の発生源単位を掛け算すればよい問題です。単位に注意して計算すればよろしいですね。すなわち，

$$2{,}000\ \text{人}\times 2.0\ \text{g}/(\text{人}\cdot\text{日})=4{,}000\ \text{g}/\text{日}=4\ \text{kg}/\text{日}$$

正解　4

Q８ 河川の自浄作用の問題で，BOD 濃度を L とする時，dL/dt のような式（?）が出てきますが全くわかりません。これは何ですか？

A. 微分記号

そうですね。dL/dt は，$\frac{dL}{dt}$とも書かれる微分記号なのですが，微分を学習されていない方にとっては，何のことかわからなくても無理はありません。実は，公害防止管理者（水質関係）の問題でこの微分らしいものが出てくる問題はこの河川の浄化作用くらいのものです。従って，１問出るか出ないかという分野のために，あまり悩まれることもないというのが実際のところでしょう。「その他の問題で頑張ろう」ということでも大丈夫なのです。

そうは言っても，少しでも勉強したい，難しい理屈はわからなくても問題を解く方法はありませんか，という方のために若干の解説をしておきます。本格的に微分の計算をする問題は出ませんので，意味について説明します。この試験では，それだけで十分なのです。

dL/dt は dt というごく短い時間に dL という量が（こちらもわずかですが）変化した場合に，dL を dt で割ったことを意味します。変化率とも呼ばれる量です。１秒間で 100 ppm が 101 ppm に変わった場合，

$$\frac{dL}{dt}=\frac{101-100}{1}=1\ \text{ppm/秒}$$

ということになります。ですから，dL/dt は L の変化の速度と思って下さい。例えば，

$$\frac{dL}{dt}=-kL \qquad (k\ \text{は比例定数}) \qquad \cdots\cdots①$$

という式があったとしますと，L の変化速度が L に比例するということです。k の前にマイナスが付いていますので，L に比例して減少することを意味します。先の変化とは逆に，１秒間で 100 ppm が 99 ppm になった場合には，

$$\frac{dL}{dt}=\frac{99-100}{1}=-1\ \text{ppm/秒}$$

となります。1 ppm だけ減ったことになります。実は，①式は微分記号を含んだ「式」になっていて，微分方程式と呼ばれるものです。難しいことは別として，時間 t が変わると濃度 L はどのように変わるのか？ということを表す式なのですが，このままではわかりにくいので，「微分方程式を解く」という作業をします。

普通，方程式というのは，例えば，

$$x+1=3$$

を解くと，$x=2$ となりますね。しかし，微分方程式を解くということは，一つの値を求める作業ではなく，L が t によってどのように表されるかを求めるものなのです。どうやってそれを求めるかということは，ここでは割愛します。結果だけを覚えていただければ問題が解けるからです。その結果は，

$$L=L_0e^{-kt} \qquad (L_0\text{ は初期値}) \qquad \cdots\cdots②$$

初期値とは，$t=0$ の時の L の値ということです。e は 2.718…という一つの数字です。この結果を知っていていただくと，次の問題が解けます。

【問題】 河川における BOD の浄化は，その濃度を L［mg/L］として，次の式に従うものとする。

$$\frac{dL}{dt}=-kL \qquad (k=0.25\ [1/\text{日}])$$

今，途中に流入がない範囲において，上流から 3 mg/L の BOD が，12 時間流下すると，どのくらいの濃度に浄化されるか。最も近いものを選べ。

ただし，$e^{-0.125}=0.882$ とする。

1．2.85　　2．2.65　　3．2.45

4．2.25　　5．2.05

解説

微分方程式の

$$\frac{dL}{dt}=-kL$$

を解いた結果は，次のように覚えておきましょう。

$$L=L_0e^{-kt} \qquad (L_0\text{ は初期値})$$

ここで，この問題では，$L_0 = 3$ mg/L，$t = 12$ 時間の時に L はどれだけになっているか，ということです。k が 0.25［1/日］と与えられていますので，t も日で表して $t = 0.5$ 日としますと，

$$L = 3 \times e^{-0.25 \times 0.5} = 3 \times e^{-0.125}$$

$$= 3 \times 0.882 \fallingdotseq 2.65$$

正解　2

少し応用で次のような問題も考えられます。これは計算はせずに，意味だけで答えが出せる問題ですので頑張りましょう。

【問題】　溶存酸素不足濃度を D，有機物濃度を L とする。河川におけるそれらの変化の方程式が次のように与えられる時，誤っている記述はどれか。

$$\frac{dD}{dt} = k_A L - k_B D$$

$$\frac{dL}{dt} = -k_C L$$

1．dD/dt および dL/dt は，それぞれ D および L の変化速度を表している。
2．溶存酸素濃度を E とすると，$D + E$ ＝一定となる。
3．k_A は，有機物が分解される時の，酸素が消費される係数である。
4．k_B は，溶存酸素が不足する際に，酸素が河川に溶け込む速度を表す係数である。
5．k_C は，河川に溶けている酸素が空気中に揮散する速度を表す係数である。

解説

与えられた二つの式は D と L についての方程式なので，連立微分方程式と言いますが，難しい計算はやめておきましょう。

肢1は，先に解説しました通りで正しい記述ですね。

肢2の溶存酸素不足濃度 D と溶存酸素濃度 E とは，一方が増えれば一方が減るという関係にある量ですね。従って，足し算すると一定のはずです。これが飽和溶存酸素濃度（20℃で 8.8 mg/L）と呼ばれるものとなります。この 8.8 mg/L という，こんなにも薄い酸素の水への溶解度のおかげで，我々動物は海の中で生まれて進化してきたのですね。酸素が全く水に溶けないものであったなら，少なくとも地球上の今の形の生物は存在していなかったと思います。感

謝しなければなりませんね。

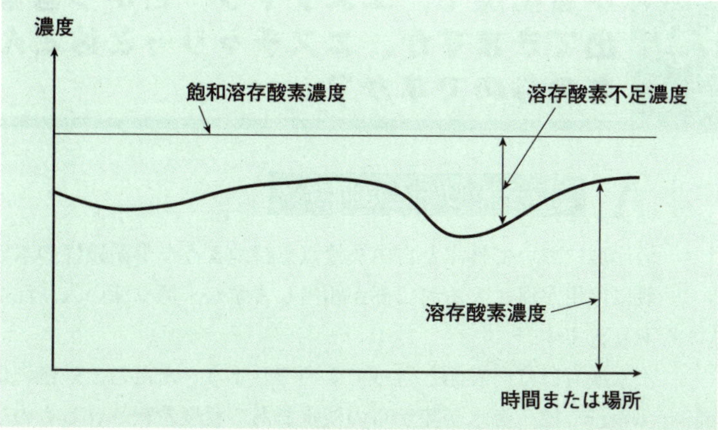

次に3種の係数についての記述ですが，左辺の文字と右辺の係数の付いている文字とを見比べて判断することになります。

k_A は，D の正の変化（増加）が L に比例するということですから，有機物 L が多いと酸素不足 D が増えることを意味しますので，肢3は正しい記述です。

k_B は，D の負の変化（減少）が自分の D に比例する，つまり，酸素不足に比例して酸素が減ること，言い換えれば，酸素が水に溶け込む量の係数ということで肢4も正しい記述になっています。

k_C は，dL/dt と L との関係ですから，有機物濃度どうしの関係でなければなりません。従って，酸素濃度は直接出てこないはずです。正しくは，有機物の濃度が濃いほど有機物が速く分解することを示す係数となっています。肢5は誤っています。

正解　5

Q9 水質関係で，エスチャリーという言葉が出てきますが，エスチャリーとはどんなものなのですか？

A. エスチャリーとは何か？

沿岸域において外洋と自由な接点を持つような半閉鎖性の水域です。一般には川が海に入る河口部が相当しますが，湾や深い入り江などでもありえます。

汽水域もほぼ同義語と言ってよいでしょう。ただし，厳密には汽水（brackish water）は，海水が陸からの淡水である程度希釈されるものを言いますが，エスチャリーはそのような限定のない用語です。日本のエスチャリーは基本的に汽水域（淡水と外洋海水の中間の塩分濃度）ですが，世界ではそうでない水域もあります。例えば，砂漠性気候が強い地域では，エスチャリー内の塩分濃度が外洋海水の濃度を上回ることは珍しくないようです。

エスチャリーはどのように使われるのか？

例えばエスチャリーの考え方を用いて生態系モデル（第8編Q1のp238参照）を作り，各物質がどこからどのように流れているのかといった水質汚濁に関する予測の定量的な検討に用いられます。エスチャリー内の水や物質の物理的な循環過程が重要で，これはエスチャリー循環（塩分差すなわち密度差による循環流），潮流，吹送流（風による流れ）などで決定されることになります。

流入淡水量と水面からの蒸発水量の関係によるエスチャリーの分類

① **正のエスチャリー：流入淡水量＞水面からの蒸発水量**

温帯地域にあるほとんどの場合がこれに当たり，エスチャリーは汽水（外洋海水より薄い塩分濃度）となります。

② **負のエスチャリー：流入淡水量＜水面からの蒸発水量**

熱帯地方に多く，ペルシャ湾（アラビア湾）などに見られます。エスチャリーの塩分濃度が外洋海水より高くなります。

③　**中立のエスチャリー：流入淡水量≒水面からの蒸発水量**

一般に極めて少なく，特別にしか現れません。

エスチャリー内の混合状態による分類

流入河川水などの淡水，あるいは淡水に近い陸水と海水とがどのように接し，どのように層を成し，または共存しているかを元にした分類があります。混合の程度に応じた次のような型に分類されます。

①　**弱混合型エスチャリー（強成層型エスチャリー）**

塩水楔（くさび）と呼ばれるもので，淡水は海水の表層を流れ，比較的平坦な界面が生じて塩水と淡水の混合が起こります。塩分躍層と呼ばれる濃度の急変面が生じ，垂直断面にエスチャリー循環と呼ばれる循環流が生まれます。

②　**緩混合型エスチャリー**

外洋からの潮流流入が淡水の流入に等しいか，もしくは大きい場合に起こります。淡水部分がエスチャリーの河川側入口にしかないことが特徴です。東京湾，大阪湾，伊勢湾など日本の多くの閉鎖性内湾がこれに属します。

③　**強混合型エスチャリー（均質型エスチャリー）**

流れと直角方向に塩分濃度がほぼ均質であるようなエスチャリーです。有明海がこれに近いものになっています。

地形的特徴に基づくエスチャリーの分類

地形による分類もありますが，主なものを挙げるにとどめます。

①　**フィヨルド型エスチャリー**

湾の出口にシルと呼ばれる突起がある場合，潮流の流れがせき止められ，淡水が表層のみを流れて湾外に出ます。浜名湖や大船渡湾などが該当します。

②　**ラグーン型エスチャリー**（ラグーンは池の意味です。）

③　**リアス型エスチャリー**

リアス式海岸は，鋸（のこぎり）の歯のように複雑に入り組んだ入り江を特徴とします。

④　**海岸平野型エスチャリー**

海岸平野とは，海岸近くのもとの海底の一部が隆起したり，海水面が低下したりして海面上に現れてできた平野のことです。

Q 10　温帯地方の湖や沼では，季節によって水がよく混ざったり，あまり混ざらなかったりするそうですが，どうしてそんなことが起こるのですか？

A. そうですね。人間が混ぜてやらないのに混ざったり，逆に混ざらなかったりするのは不思議ですね。勿論，地域によって違いはありますが，夏は暑く冬は寒い地方での典型的な例を見てみることにしましょう。

春から夏にかけて

だんだん温かくそして暑くなる季節です。太陽の恵みを受けて気温が上がり，湖や沼の表層（水面に近い部分）が温まります。水は一般に温度が上がると軽く（密度が小さく）なります（後で述べますように４℃以下の水は例外です）。従って，温かい水は水面に近いところに留まります。逆に，温まっていない水は相対的に重い（密度が大きい）ので，下の方に溜ったままになります。

このように，上層は上層のまま，下層は下層のままで入れ替わりの少ない状態となりますが，これを**成層状態**と言います。「層を成す」ということです。上層と下層の境目の付近では急激に水温が変わるところもできますが，この部分を**水温躍層**と呼んでいます。

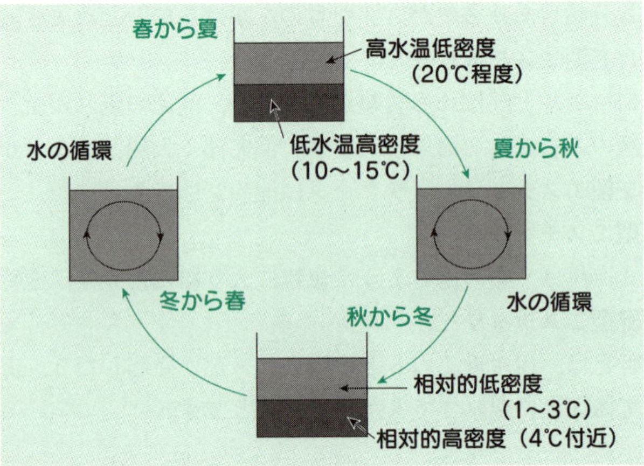

夏から秋にかけて

暑い夏が過ぎますと，気温の影響を先に受ける上層の水が温度低下をしますので，重たく（密度が大きく）なって下に下がります。入れ替わりに下層の水が上昇します。このような動きによって湖沼の上層と下層の水がお互いによく混ざり合います。

秋から冬にかけて

秋から冬になりますと，さらに気温が下がります。水温が4℃以下になりますと，水には不思議な性質があって4℃が一番重くなりますので，4℃の水が下層に溜まります。1～3℃の水はそれより軽い（密度が小さい）ので上層にやってきます。

春や夏には水温の高い方が上層に溜まりましたが，気温が4℃以下になるような冬の時期には，むしろ下層に4℃，上層に1～3℃の水が留（とど）まって層を成します。これも温度成層ですが，春や夏とは水温の順序が逆になりますので，**逆列成層**と言われることもあります。

さらに寒くなって，氷が張る頃になりますと，上層に0℃に近い水がありますので，氷は水面から張ります。そのため，水面に氷ができていてもその下には一般に1℃以上の水温の水があって，凍っていない水があります。魚が氷の張る冬でも池の底などで冬が越せるのはこのためです。

水溜りのような小さなものを除けば，湖の底まで凍ることはまずありません。水の密度が一番大きくなるのが4℃であるという特殊な水の性質は，淡水に住む生物にとって何とも有難いことだったのですね。

冬から春にかけて

冬が去り，また春が巡ってきますと，気温が上がりますので氷が解けて水温も上がります。上層水温が3℃程度までは上層と下層は混合しにくいですが，上層が4℃程度になりますと，上下がほぼ同じ温度になって混合しやすくなります。

Q 11 水質関係の有害物質および人や動物の健康に関連する用語を解説して下さい。

A. 化学物質の毒性に関する用語

人や動物に投与される化学物質の毒性には多くの指標がありますが，次のようなものが一般的です。

① 半数致死量（LD_{50}，LD 50）

実験動物の50％を死に至らしめる量です。

② 半数致死濃度（LC_{50}，LC 50）

実験動物の50％を死に至らしめる濃度です。

これらの①にも②にも，経口摂取，皮膚吸収，吸入などの区別があります。経口摂取 LD_{50} とか，吸入 LC_{50} などとして用いられます。

③ 半減期（血中濃度半減期，消失半減期）

薬学における半減期は，薬成分の血中濃度が最高値になってから半減するまでの時間のことで，$T_{1/2}$ と書かれることもあります。半減期の長いものは排泄されにくく生体内に残留する期間が長くなり，毒性の影響も出やすくなります。

④ メタロチオネイン

チオール基（－SH）を介して金属と結合したたんぱく質のことで，分子中において最大7～12個の重金属イオンと結合できますので，必須微量元素の恒常性維持あるいは重金属元素の解毒の役割を果たしていると考えられています。

⑤ 化学物質リスク

ハザード（危険・有害性）×暴露量のような積で考えられます。

⑥ 無影響量（NOEL（ノエル））

その量より少ない投与では，その物質の影響が認められないという量です。

⑦ 無毒性量（NOAEL（ノアエル），No Observed Adverse Effect Level）

その量より少ない投与では，一生涯，毎日摂取あるいは暴露しても，病気などの悪い影響が出ない量のことです。通常，mg/(kg･d) などのように，1日当たり，体重1kg当たりの化学物質の量で表します。

一般に，大小関係として，NOAEL≧NOEL の関係にあるとされます。

⑧ **不確実係数（UFs）**

安全をみるための係数で，種を超える予測（別な種へのデータの適用）や個体差を考慮した段階ごとに 10 倍を採用します。従って，種と個体差の 2 段階では，100 倍とします。（UFs＝100）それらのデータの不完全性によっては，より大きな不確実係数が用いられます。

⑨ **耐容一日摂取量（TDI，tolerable daily intake）**

人が一生摂取し続けても悪影響を生じないと考えられる一日当たりの摂取量で，通常 mg/(kg･d) にて表されます。次のように求められます。すなわち，不確実係数 UFs を用いて，次式によります。

$$TDI = \frac{NOAEL}{UFs}$$

⑩ **生涯危険率**

人が一生のうち，そのリスクで死亡する確率を言います。10 万人に 1 人がそのリスクを負う場合に，10^{-5} と表現されます。

⑪ **実質安全量（VSD）**

発がん性のように実質的な閾値がないとみられる物質の場合は TDI が設定できません。従って，危険性が十分小さいとみなされる量を実質安全量と言います。一般に 10^{-5}～10^{-8} の範囲の生涯危険率が用いられます。

【問題】 次の表の中で，A 欄と B 欄の対応が不適切なものはどれか。

選択肢	A 欄	B 欄
1	半数致死量	LD_{50}
2	半数致死濃度	LC_{50}
3	化学物質リスク	ハザード×暴露量
4	耐容一日摂取量	TDI
5	TDI	NOAEL×UFs

解説

肢 1 ～肢 4 までは，左右の対応は正しいものとなっています。ただし，肢 5 の A 欄の TDI が NOAEL×UFs であっては困りますね。UFs は通常 10 の何乗かという数値ですので，TDI が NOAEL より小さな数字であるためには，NOAEL を UFs で割ったものが TDI でなければなりません。

正解 5

Q 12　水質関係の排出業種と排出有害物質の関係を整理して教えて下さい。

A. 表にまとめますので，ご覧下さい。少し量が多くなりますが，詳しいことはともかく，特徴や概要，あるいは全体像を眺めておいて下さい。

表５−１　業種と排出可能性の高い有害物質（Ⅰ）

業種＼有害物質	カドミウムおよびその化合物	シアン化合物	六価クロム化合物	ひ素およびその化合物	トリクロロエチレン，テトラクロロエチレン	ジクロロメタン	ベンゼン	セレンおよびその化合物	ほう素およびその化合物	ふっ素およびその化合物
鉱山・鉱業	○			○				○		
鉄鋼熱処理業		○								
コークス製造業		○								
ステンレス鋼製造業			○							
金属精錬所				○						
非鉄金属製造業	○			○						○
機械部品製造業			○		○					
無機顔料製造業	○								○	○
クロム酸利用金属表面処理業			○							
ガラス製造業	○			○				○		○
人造黒鉛電極製造業	○									
無機工業薬品製造業				○				○		
石油精製業							○			
石油化学工業									○	
電池製造業	○									

Q 12：水質関係の排出業種と排出有害物質の関係を整理して教えて下さい。

表 5－2　業種と排出可能性の高い有害物質（Ⅱ）

有害物質＼業種	カドミウムおよびその化合物	シアン化合物	六価クロム化合物	ひ素およびその化合物	トリクロロエチレン，テトラクロロエチレン	ジクロロメタン	ベンゼン	セレンおよびその化合物	ほう素およびその化合物	ふっ素およびその化合物
電気めっき業	○	○	○			○			○	
電子部品製造業					○					
半導体製造業										○
紡績業・繊維製品製造業					○		○			
化学繊維製造業						○				
クリーニング業					○	○				
合成染料製造業							○			
合成樹脂製造業							○			○
有機化学薬品製造業						○				
医薬品製造業				○					○	
農薬製造業									○	
窯業原料精製業									○	
石炭火力発電所									○	
化学肥料製造業									○	○
ごみ焼却場	○			○						○
産業廃棄物焼却場									○	
科学技術試験研究機関	○					○		○		○

Q 13 練習のために，水質概論関係の基礎練習問題を出して下さい。

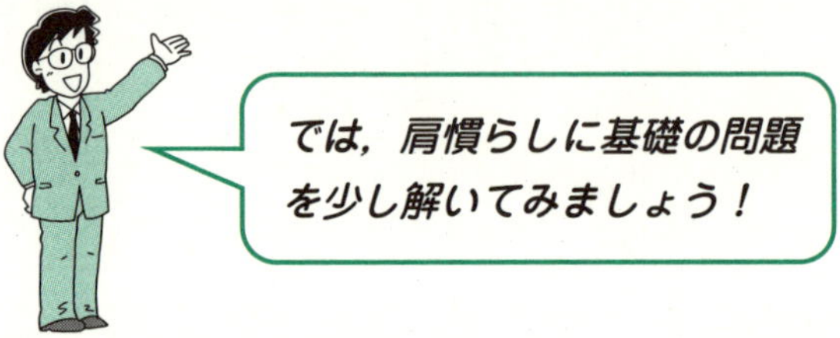
では，肩慣らしに基礎の問題を少し解いてみましょう！

【問題１】　水質環境基準に関して述べられた次の文章において，誤っているものを選べ。

1．環境基準は，環境保全施策を実施していく上における行政上の目標として定められている。

2．水質の汚濁に係る環境基準としては，公共用水域（河川，湖沼，海域）と地下水に関するものがある。

3．公共用水域の水質汚濁に係る環境基準は，人の健康の保護に関する項目と生活環境の保全に関する項目とに分類される。

4．地下水の水質汚濁に係る環境基準は，もっぱら人の健康の保護の立場から決められている。

5．水生生物の保全に係る環境基準は，河川，湖沼，海域において，全窒素，全りんおよび全亜鉛について一律の値が定められている。

解説

肢５の，全窒素，全りんおよび全亜鉛に関する水生生物の保全に係る環境基準は一律の値ではなくて，類型ごとに定められていますね。少し微妙なことですが，河川には全窒素，全りんは規定されていませんね。

正解　５

【問題２】　次に該当する者で，水質汚濁防止法に定める罰則規定が適用されない者はどれか。

1．排水基準を超えた排水を流した者

2．事故時において応急措置命令に違反した者

3．水質総量規制に係る汚濁負荷量の測定結果の虚偽の記録をした者
4．特定事業場以外の工場または事業場において危険物屋外貯蔵所設置の届出をしなかった者
5．特定施設の承継の届出をしなかった者

解説

肢４の危険物屋外貯蔵所の設置届の規定を守らないことは法律違反ですが，水質汚濁防止法に定める罰則規定は適用されず，消防法による罰則規定が適用されるはずです。

正解　4

【問題３】　特定工場における公害防止組織の整備に関する法律に定める水質関係公害防止管理者が管理する業務に該当しないものはどれか。

1．汚水等排出施設から排出される汚水又は廃液を処理するための施設及びこれに附属する施設の操作，点検及び補修
2．排出水又は特定地下浸透水の汚染状態の測定の実施及びその結果の記録
3．排出水に係る緊急時における排出水の量の減少その他の必要な措置の実施
4．特定施設についての事故時における応急の措置の実施
5．汚水等排出施設の操作の改善

解説

肢１～肢４まではその通りで，水質関係公害防止管理者が管理する業務に該当します。肢５は（同時に担当している会社もあろうかとは思いますが），直接には水質関係公害防止管理者の責務ではありません。

正解　5

【問題４】　次に示す歴史的な公害事件において，水質に関する被害には相当しないものはどれか。

1．イタイイタイ病　　2．四日市ぜん息　　3．田子浦港のヘドロ
4．足尾銅山鉱毒事件　　5．水俣病および第二水俣病

解説

肢２の四日市ぜん息は（その時期に四日市地区で水質公害があったかどうか

は別として，）水質にかかわる公害ではありませんね。

正解　2

【問題5】　海域の富栄養化に関する記述として，誤っているものはどれか。

1．夏季において，成層によって底層水に貧酸素水塊が発達する。
2．植物プランクトンの代謝産物には，人の健康に影響を及ぼすものがある。
3．ミクロキスティス属が産生するミクロキスチンは，生体毒性物質である。
4．東京湾などの閉鎖性水域では，海水が茶褐色に濁った赤潮状態がしばしば観測される。
5．貧酸素水域の堆積物表層では，硝化活性は著しく高い。

解説

肢1：夏には気温が高くなり，海面近くの水温も上昇します。これによって海面である上層水の密度が小さくなり，密度の大きい下の方の海水との混じりが悪くなります。これが成層（層をなす）する理由です。上下の混じりが減りますと，空気から溶け込む酸素が下の層に供給されず，酸素濃度の低い水塊が生じます。

肢2～肢4：設問の通りです。

肢5：設問は誤りです。硝化反応とは，アンモニアを亜硝酸に，亜硝酸を硝酸にする作用を言いますが，これらは酸化反応です。従って，貧酸素水域という酸素が少ない条件では極めて起こりにくくなります。

正解　5

【問題6】　有害物質が人体に与える影響に関する記述として，正しいものはどれか。

1．カドミウムなどに曝露されると，主に腎臓でメタロチオネインが誘導合成される。
2．化学物質の人体への影響は，化学物質の毒性の強さで決まり，摂取量には依存しない。
3．毒性発現には，通常，閾値は存在しない。
4．複数の金属の曝露を受けた場合，毒性は相乗的に現れるが，抑制的に現れることはない。
5．LD 50（動物の 50% 致死量）が小さいほど，毒性は強くなる。

解説

肢1：カドミウムなどの重金属が体内に入りますと，メタロチオネインが生成します。これは生体の解毒作用の一種で，肝臓の働きです。腎臓ではありません。アルコールなどの解毒作用も肝臓であることと同様です。

肢2：化学物質の人体への影響は，化学物質の毒性の強さもそうですが，摂取量が当然影響してきます。

肢3：閾値というものは，毒性発現の典型的な特徴で，ある濃度まで生物は耐性があることがほとんどなので，それを超えてから毒性が発現します。

肢4：相乗的に現れる毒性とは，複数の金属のそれぞれの毒性を足したもの以上の悪さが現れるということです。しかし，金属の組合せによっては，お互いに影響を小さくする抑制的な状態もありえます。

肢5：小さな数字（低濃度）で影響が出るほど毒性が強いことを意味します。これが正しい文章です。

正解　5

【問題7】 工場排水の特徴や，その処理が不十分な場合に排水に含まれる物質に関する記述として，誤っているものはどれか。

1．六価クロムは，化学工業薬品，めっき剤などに用いられ，生体への蓄積性がある。
2．有機性で有害物質を含む排水を排出する業種として，皮革業，殺虫剤の製造業などが挙げられる。
3．コークス製造業の排水には，カドミウムや鉛などの有害重金属が含まれる。
4．高濃度のBOD排水を排出する業種として，肉製品製造業などの食料品製造業が挙げられる。
5．ひ素は，製薬，半導体工業などに用いられ，皮膚沈着，皮膚がんなどを発症する。

解説

肢3のコークス製造業の排水について，コークスは石炭が原料になりますので，石炭由来のシアン化合物，フェノールなどの有害物質が含まれることが多くなっています。その他の記述は正しいものとなっています。

正解　3

【問題8】 ある残留性重金属イオンの濃度が1 pg/Lであるような海域において，海底に棲む貝類の体内におけるこの重金属濃度が1 ng/gであったとする。また，この貝類を餌とする魚類の体内濃度が1 μg/gである時，これらの間の生物濃縮係数および生体内蓄積係数はそれぞれどれだけと見積もられるか。

選択肢	生物濃縮係数（BCF）	生体内蓄積係数（BAF）
1	10^3 L/g	10^3 g/g
2	10^3 L/g	10^6 g/g
3	10^3 L/g	10^9 g/g
4	10^6 L/g	10^3 g/g
5	10^6 L/g	10^6 g/g

解説

はじめに，生物濃縮係数は，

$$\frac{\text{貝の体内濃度}}{\text{海水濃度}}=\frac{1\ \text{ng/g}}{1\ \text{pg/L}}=\frac{10^{-9}}{10^{-12}}=\text{L/g}=10^3\text{L/g}$$

次に，生体内蓄積係数は，

$$\frac{\text{魚の体内濃度}}{\text{貝の体内濃度}}=\frac{1\ \mu\text{g/g}}{1\ \text{ng/g}}=\frac{10^{-6}}{10^{-9}}=10^3\text{g/g}$$

正解　1

第6編

汚水処理特論

どのような問題が出題されているのでしょう！

（出題問題数　25問）

1）ほぼ毎年出題されているものとして，次のような内容が挙げられます。

- 活性汚泥法関係　5題程度
- 吸着関係　1～2題
- 嫌気性処理法　1題
- 公害処理装置の運転管理　1題
- 試料の採取と保存　1題
- 脱窒素・脱りん処理　1～3題
- 汚泥の脱水・焼却　1～2題
- 公害処理装置の選定　1題
- 沈降分離関係　1題

2）毎年ではなくても，それに準じて出題されているものとしては，次のようなものがあります。

- BOD計算
- ろ過技術
- 凝集技術
- 浮上技術
- 膜分離技術
- 分析項目全般
- 原子吸光法
- ICP法
- COD分析法
- BOD分析法
- 全窒素分析法
- 全クロム分析法
- 全りん分析法
- 自動測定計器
- 酸化還元
- 流量測定
- 大腸菌群数測定法

本来は汚水などが
発生しないようにすべき
なんだろうなぁ
でも 発生してしまった
ものは処理しないと
いけないよね
汚水

Q 1　物体が落ちる速さは，加速度がついているのでだんだん速くなると思っていましたが，沈降分離においては，粒子が落ちる速さは一定であるというのはなぜですか？

A. 時間とともに速い速度になって落ちるはず？

たしかにニュートンの運動法則によれば，有名なガリレオのピサの斜塔の実験のように，物体が落ちる速さは，物体の密度（比重）によらずに落ちるはず，しかもだんだん加速度がついて時間がたつほど速く落ちるはずですね。

物体が落ちる時の運動方程式は，ニュートンの運動法則によって次のようになります。微分方程式はパスしていただいて，結果だけを見ていただいてもけっこうです。下向きに位置の変数 x をとり，質量 m の物体が落ちる場合に，重力の加速度を g としますと，

$$m\frac{d^2x}{dt^2}=mg$$

という方程式で表されますので，両辺に m がありますので，x は m によらないことがわかります。また，この式を，$x(0)=x_0$，$x'(0)=v_0$，つまり，時間 $t=0$ の時の位置が x_0，速度が v_0 であるという条件で解きますと，

$$x(t)=\frac{1}{2}gt^2+v_0t+x_0$$

この式の第１項のために，落ちる速度は時間とともに速くなることを示しますね。これは正しい話です。では，沈降分離の時には，なぜ一定速度で落ちるなどと言うのでしょうか？

抵抗のある場合の落下速度

実は，上の議論は真空中の，つまり落下する際に周囲から抵抗を受けない場合の話です。空気中を落ちる場合は抵抗が小さいので，最初のうちは真空中と同じような感じになりますが，水中を落下する場合には，抵抗は無視できません。物体が流体中を移動する場合には次のような２種類の抵抗が働きます。

① **粘性抵抗**：落下速度の 1 乗に比例する抵抗力です。

② **慣性抵抗**：落下速度の 2 乗に比例する抵抗力です。

速度がある程度小さい範囲では，②は無視できますので，通常は①だけの影響を考慮することで十分です。その場合の，速度 v に関する運動方程式は，抵抗の比例定数を k として，次のようになります（より正確には浮力も働きますが，ここでは省きます）。

$$m\frac{dv}{dt}=mg-kv$$

これを初期速度 v_0 で解きますと，（解く過程は割愛します。練習していただいても結構です。）

$$v=\left(v_0-\frac{mg}{k}\right)\cdot\exp\left(-\frac{kt}{m}\right)+\frac{mg}{k}$$

この式において $t\to\infty$ にしますと，exp の項が 0 になりますから，速度は時間によらないものになります。それを v_∞ と書きますと，

$$v_\infty=\frac{mg}{k}$$

これが終末沈降速度（終端沈降速度，あるいは，単に終末速度）と呼ばれるものです。速度の式をさらに積分して，位置の変数 x にしますと，

$$x=\frac{m}{k}\left(v_0-\frac{mg}{k}\right)\left\{1-\exp\left(-\frac{kt}{m}\right)\right\}+\frac{mgt}{k}+x_0$$

逆に気泡の上昇のように，浮力の方が大きい場合にも結果は同様で，そこでは上向きの終末上昇速度となります。

Q2　同じ金属なのにどうして鉄やアルミニウムなどが凝集剤になってナトリウムやカリウムなどはならないのですか？また，ノニオン系高分子凝集剤はイオンではないのに，粒子を捕まえられるのはなぜですか？

A. 凝集剤とは

水質浄化の一つの技術として，水中の粒子を沈殿させて分離するものがあります。沈降分離とか沈殿分離などと言いますが，ある程度静かにしておけば自然に沈む粒子は簡単に分離できます。しかし，粒子の大きさが1,000分の1mm（1μm）程度以下になりますと，なかなか静かにしておいても沈みません。そこで粒子どうしをくっつけ，大きくして，沈みやすくすることによって沈ませる技術が凝集沈降などと呼ばれる技術です。そこで粒子どうしをくっつけるために用いられる薬剤が凝集剤です。

凝集剤の種類

凝集剤は，図に示しますように，大別して無機系凝集剤と有機系凝集剤（高分子凝集剤）に分かれます。排水に合わせた適切な凝集剤を選定することが重要ですが，通常は凝集実験をして決めることが基本になっています。一般に無機系凝集剤と有機系凝集剤を併用することが多いです。

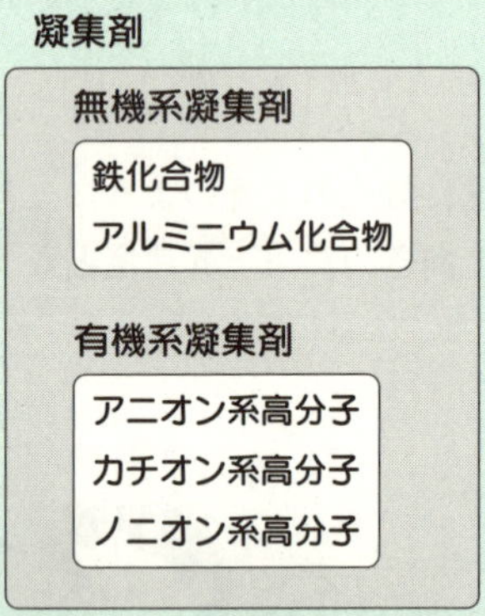

図6－1　凝集剤の分類

なぜ鉄やアルミなのか？

無機系凝集剤のほとんどは，鉄化合物を中心とするものとアルミニウム化合物を中心とするものです。これらは結合する手の数，いわゆる価数が多くて他の物質と結合しやすい性質を持つからです。また，鉄やアルミニウムは価格も安いので使いやすいというメリットもあります。

アニオン系凝集剤が陽イオンを捕（とら）えるのか

高分子凝集剤には，やはり図のように，アニオン系凝集剤，カチオン系凝集剤，ノニオン系凝集剤があります。

アニオン系凝集剤は自分がアニオン（陰イオン，$-COO^-$など）なので，電気的に引き合うカチオン（陽イオン）を捕えます。あるいは陽イオンになっていない粒子でも，電気的に少しはプラスに帯電していれば捕えることができます。

反対に，カチオン系凝集剤はアニオンを捕まえますが，やはり若干でもマイナス電荷を帯びている粒子を捕えます。微小な粒子はイオンになっていることは少なくても，若干の電気を帯びていることが多いのでこれらの凝集剤が活躍します。

ノニオン系高分子凝集剤はイオンではないのにどうして凝集できるの？

そうですね。ノニオンはノンイオンですから，イオンでないということですね。しかし，イオンでなくても，高分子の部分に分極と言って多少の電気的なかたよりがあるものが用いられ，これが，少しでも電気を帯びている粒子を捕えられるのです。代表的なものに次のようなものがあります。ポリアクリルアミドの$-NH_2$は水素イオンを引っ張って$-NH_3^+$に，ポリオキシエチレンのOも同じように$>OH^+$になっていることが考えられます。

ポリアクリルアミド：$-(CH_2CH)_n-$
　　　　　　　　　　　　$|$
　　　　　　　　　　　$CONH_2$

ポリオキシエチレン：$-(CH_2CH_2O)_n-$

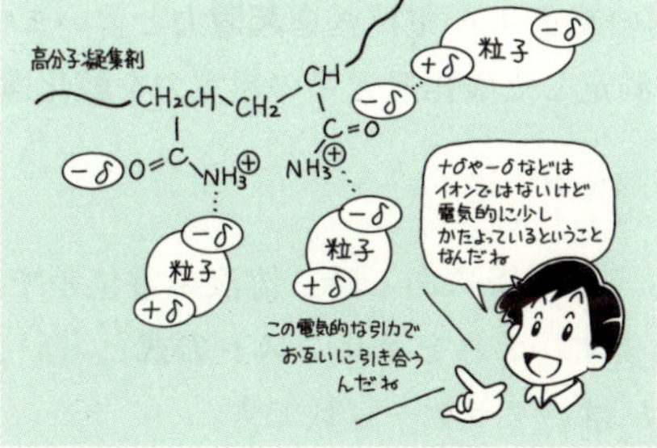

Q３　電気化学を使った問題も出ているようなので，整理して教えて下さい。

A. 電気化学で扱われる主な内容を説明します。

酸化還元電位

ある酸化剤 Ox が他の物質から電子を奪い，その結果自身は還元されて Red になる反応は，一般に次のように書かれます。

$$\mathrm{Ox} + n\mathrm{e}^- \rightarrow \mathrm{Red}$$

今，次のような書き方で表される電池を考えます。これを**電池図式**と言います。M_1，M_2 は電極，S は電解質溶液，両端の T，T′は端子を表すものとします。電池図式において左側の電極はアノード（陰極，負極），右側の電極はカソード（陽極，正極）を表すものと約束されています。

$$\mathbf{T \mid M_1 \mid S \mid M_2 \mid T'}$$

この電池の内部において正電荷を左から右（T → T′の方向）へ移動させるときに，電極 M_1 上では次のような酸化反応が起こります。

$$\mathrm{Red}(M_1) \rightarrow \mathrm{Ox}(M_1) + n\mathrm{e}^-(\mathrm{T}) \qquad \text{（酸化反応）}$$

電極 M_2 上では

$$\mathrm{Ox}'(M_2) + n\mathrm{e}^-(\mathrm{T}') \rightarrow \mathrm{Red}'(M_2) \qquad \text{（還元反応）}$$

この反応が電気化学的に変動のない状態（平衡）になっている時の，左側の端子 T に対する右側の端子 T′の電位差を**起電力**と言います。

標準電極を用いて測定した酸化還元系の起電力を**酸化還元電位**と言います。

$$a\mathrm{Ox} + n\mathrm{e}^- \rightarrow b\mathrm{Red}$$

という電気化学反応式が平衡にある時，溶液の電位差である酸化還元電位 E は次のように表されます。これを**ネルンストの式**と言います。ここに，$E°$ は標準酸化還元電位，F はファラデー定数です。

$$E = E^\circ + \frac{RT}{nF} \ln \frac{[\mathrm{Ox}]^a}{[\mathrm{Red}]^b}$$

ファラデーの法則

ここで，ファラデーの法則についても見ておきましょう。電気分解が起きている系に流れる電気量 Q と電極に析出した物質の量 m との間に次の式が成立します。M はイオンの原子量，n はイオンの価数です。

$$m = \frac{MQ}{nF}$$

【問題】　次のような酸化還元反応がある時，

$$\mathrm{Ox} + ne^- \rightarrow \mathrm{Red}$$

正しいネルンストの式は次のどれになるか。ただし，RT/nF を K と，[Ox] / [Red] を C と書くものとする。

1．$E = E^\circ + K\log C$
2．$E = E^\circ + 2.3\,K\log C$
3．$E = E^\circ + 2.3\,K\ln C$
4．$E = E^\circ + 2.3\,C\log K$
5．$E = E^\circ + C\log K$

解説

本文の解説にありますように，与えられた反応式に対応するネルンストの式は次のようになります。

$$E = E^\circ + \frac{RT}{nF} \ln \frac{[\mathrm{Ox}]}{[\mathrm{Red}]}$$

これに，K および C を代入しますと，

$$E = E^\circ + K\ln C$$

となりますが，$\ln C = 2.3\log C$ ですので，正解は肢２となります。

正解　2

Q４ 酸化と還元ってどういうことを言うのですか？これらはお互いに反対語なのですか？

A. 酸化と還元

酸化と還元は，文字の上からはそのようには感じられないと思いますが，実は完全に反対語なのです。

酸化とは，もともとは名前の通り，酸素がくっつくことだったのです。そして，還元とは，文字上の意味は元に還すこと，酸化したものを元に戻すこと，つまり，酸素を奪うことを意味しました。しかし，いろいろな反応の知見が増えてくると，そういう言い方だけでは必ずしも説明しきれないことがわかってきたのです。

水素が奪われる反応も，電子が奪われる反応も，直接酸素が関与していないのに，酸化の仲間に入れた方が統一的に説明できることがわかってきました。そこで，「酸化数」という新しい考え方を持ち出して，この数字が大きくなることを酸化，小さくなることを還元という様に決めたのです。

酸化数

そこであらためて，酸化数を次のように決めてみました。

①　単体（一つの元素だけからできている物質）の酸化数は０とする。
［（例）H_2 中の H の酸化数は０］

②　化合物の酸化数は，それを構成する元素の酸化数を足し算してもよい。

③　イオン化していない化合物の合計酸化数は０とする。

④　化合物中の水素の酸化数を＋１とする。

⑤　化合物中の酸素の酸化数は－２とする。ただし，過酸化水素だけは，水素を優先して，酸素は－１とする。

⑥　単原子イオン（一つの元素だけからなるイオン）の酸化数はイオンの価数に等しい。［（例）Ca^{2+} 中の Ca の酸化数は＋２］

⑦　多原子イオン中の各原子の酸化数を全て足すとイオンの価数に等しくなる。
［（例）CO_3^{2-} 中の C は＋４，O は－２で，（＋４）＋（－２）×３＝－２］

以上のようなルールによって各種の化合物の酸化数を決めていったのです。例として，各種窒素化合物等の中の窒素の酸化数を見てみましょう。酸素や水素は，酸化数の変化がないのに対して，窒素のそれはかなり大幅に変化していることがわかります。

表6－1　各種窒素化合物等の中の窒素の酸化数

化合物名	分子式	酸化数計算	窒素の酸化数
五酸化二窒素	N_2O_5	(＋5)×2＋(－2)×5＝0	＋5
硝酸	HNO_3	(＋1)＋(＋5)＋(－2)×3＝0	＋5
二酸化窒素	NO_2	(＋4)＋(－2)×2＝0	＋4
四酸化二窒素	N_2O_4	(＋4)×2＋(－2)×4＝0	＋4
亜硝酸	HNO_2	(＋1)＋(＋3)＋(－2)×2＝0	＋3
一酸化窒素	NO	(＋2)＋(－2)＝0	＋2
一酸化二窒素	N_2O	(＋1)×2＋(－2)＝0	＋1
窒素ガス	N_2	単体	0
ニトロメタン	CH_3NH_2	(－4)＋(＋1)×5＋(－1)＝0	－1
ヒドラジン	N_2H_4	(－2)×2＋(＋1)×4＝0	－2
アンモニア	NH_3	(－3)＋(＋1)×3＝0	－3

【問題】　酸化剤として正しい名称ではないものはどれか。

1．オゾン
2．次亜塩素酸ナトリウム
3．過酸化水素
4．ニクロム酸カリウム
5．ペルオキソ二硫酸カリウム

解説

一瞬，正解がわかりにくい問題かと思います。正解は肢4の「ニクロム酸カリウム」で，正しくは「二クロム酸カリウム」です。つまり，頭のニはカタカナでは誤りで，漢数字の二でなければなりません。

やや引っ掛け問題のように見えますし，このような問題は出題されそうもないかもしれませんが，化学物質名を正確に把握するための訓練と思って考えて下さい。参考のためにそれぞれの化学式を示します。

肢1：O_3　　肢2：NaClO　　肢3：H_2O_2

肢4：$K_2Cr_2O_7$　　肢5：$K_2S_2O_8$

ついでに付記しますと，クロム酸カリウムは K_2CrO_4，ペルオキソ一硫酸カリウムは K_2SO_5 となります。

正解　4

Q５　不連続点アンモニア分解法というアンモニアの処理方法について，起こっている反応も含めて教えて下さい。

A. 不連続点アンモニア分解法とは

アンモニアを塩素（次亜塩素酸ナトリウム）によって分解する方法のことですが，次の図のような反応をしますので，グラフ中の不連続的な変化があることで「不連続点分解法」と呼ばれています。

このグラフは横軸に次亜塩素酸ナトリウムの添加量をとり，縦軸に残留塩素（酸化力を持っている塩素）濃度をとったものです。

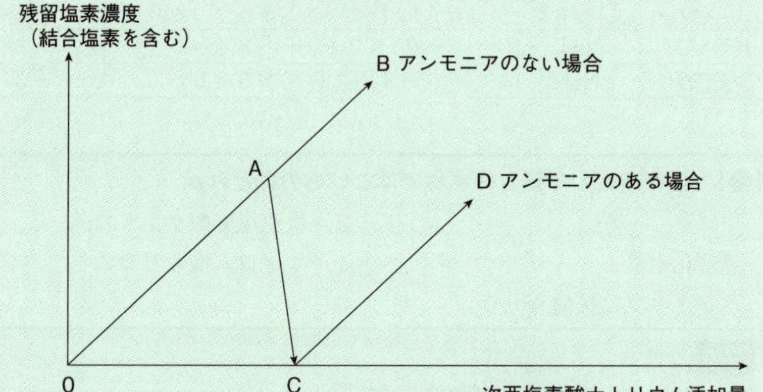

図６－２　アンモニアの不連続点分解法

１）アンモニアがない場合

アンモニア（あるいは，他の還元性物質）が存在していない水に次亜塩素酸ナトリウムを加えていく場合には，グラフ上は図の点Ｏから点Ａを通って点Ｂの方向に一直線上に進むだけです。水中に次亜塩素酸イオンが残留塩素として増えてゆくだけの状態となります。

２）アンモニアがある場合

アンモニアを含む水に次亜塩素酸ナトリウムを加えていく場合には，グラフにおいて，O→A→C→D の順に進み，次のように領域ごとに異なる反応が起こります。ここで生成するクロラミン類は結合塩素と呼ばれる塩素を持つものですが，残留塩素にカウントされる化合物です。点 C までに添加された塩素量を塩素要求量あるいは塩素消費量といいます。

① **OA 領域**：アンモニアが次亜塩素酸ナトリウムによって，次のように順次塩素化されます。

$NH_3 + NaClO \rightarrow NH_2Cl$（モノクロラミン）$+ NaOH$

$NH_2Cl + NaClO \rightarrow NHCl_2$（ジクロラミン）$+ NaOH$

$NHCl_2 + NaClO \rightarrow NCl_3$（トリクロラミン）$+ NaOH$

トリクロラミンはアンモニアとアダクツ（分子どうしの結合物）を作りますが，それがアンモニアと反応しますと次のように窒素となります。

$NCl_3 \cdot NH_3$（アダクツ）$+ 3\,NH_3 \rightarrow N_2 + 3\,NH_4Cl$

② **AC 領域**：モノクロラミンとジクロラミンの反応によって，窒素が生成し気化します。ただ，さらに加えられる次亜塩素酸ナトリウムによって，温室効果ガスである一酸化二窒素（亜酸化窒素）N_2O になることもあります。一酸化二窒素が水に溶ける場合には，次亜硝酸 HNO の形で存在します。

$NH_2Cl + NHCl_2 \rightarrow N_2 + 3\,HCl$

$NH_2Cl + NHCl_2 + NaClO \rightarrow N_2O + 3\,HCl + NaCl$

③ **CD 領域**：ここでは既にアンモニアがありませんので，A→B と同じ傾きで C→D と進みます。

残留塩素の種類

ここで，上に出てきました残留塩素の種類について整理しておきますと，

① **遊離残留塩素**

遊離塩素（Cl_2）や次亜塩素酸（HClO，ClO^-）などが含まれます。殺菌力があります。

② **結合残留塩素**

上記のクロラミン類（NH_2Cl，$NHCl_2$，NCl_3）が代表的なものです。遊離残留塩素よりも弱いながら，殺菌力があります。

Q６　膜分離法には，いくつもの種類があるそうですが，それらについて教えて下さい。

A. 膜分離法

膜分離法とは，膜が有する微細な孔によって原水をろ過し，細菌のような大きさの懸濁固形物質をはじめとして溶解している物質までの夾雑物をも除去・分離する方法です。

膜という日本語に当たる英語は次の２種類がありますが，機能として多少異なった意味で使われています。

① **メンブレイン**（membrane）：ろ過などの機能が用いられる平板の場合

② **フィルム**（film）：物理的な平板として用いられる場合

膜孔のサイズや使用法によって，およそ次の５つの方法に分類されます。精密ろ過法，限外ろ過法，逆浸透法，ナノろ過法，電気透析法などです。これらの技術においては，一般に次の図のような膜モジュールと呼ばれるコンパクトなろ過装置が用いられます。ここで中空糸とは中がパイプのように穴の開いた糸のことを言います。

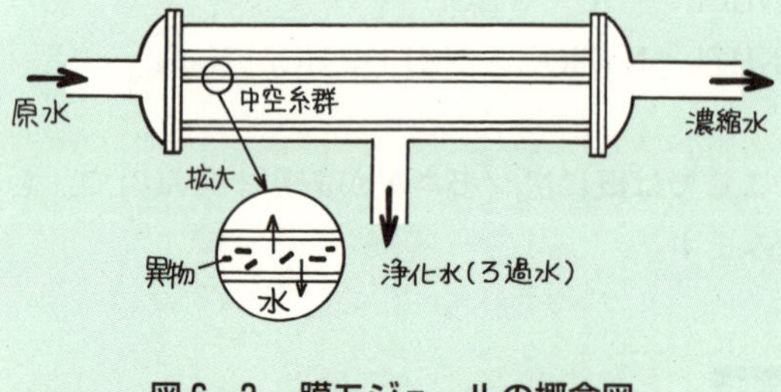

図６－３　膜モジュールの概念図

以下，膜分離法の各種について説明します。

精密ろ過法/限外ろ過法

微細な懸濁粒子や細菌などの大きさの異物の除去に用いられるもので，次の２種類があり，限外ろ過法の方がより精密なろ過技術にはなっていますが，最近ではそれらの中間領域のものも増えていて，明確にこれらを区別することは難しくなっています。

① **精密ろ過法**（MF：Microfiltration）
② **限外ろ過法**（UF：Ultrafiltration）

逆浸透法/ナノろ過法

半透膜（逆浸透膜：水は自由に通しますが，溶解している物質は通さない膜）を境に物質を溶かしている水と溶かしていない水を接しますと，これらの2つの水の濃度を近づけようとして，薄い方の水が濃い方の水に移動します。この移動圧力を浸透圧といいますが，逆浸透法は，この浸透圧に逆らうように，浸透圧よりも大きな圧力をかけ，半透膜を通して濃い方の水をさらに濃縮します。

① **逆浸透法**（RO：Reverse Osmosis）海水の淡水化などに実績があります。
② **ナノろ過法**（NF：Nanofiltration）比較的低操作圧力で運転されます。

電気透析法

電気透析法とは，イオン交換膜と電気を利用する膜分離法です。イオン交換膜は電荷をもつ多孔質膜であり，陽イオンあるいは陰イオンだけを通す性質を持ちます。

陽イオン通過膜と陰イオン通過膜とを交互に配列させ，直流電圧をかけますと，水中のそれぞれのイオンが通りうる膜だけを通って濃縮されます。図をご覧下さい。この技術も海水の淡水化に多くの実績があります。

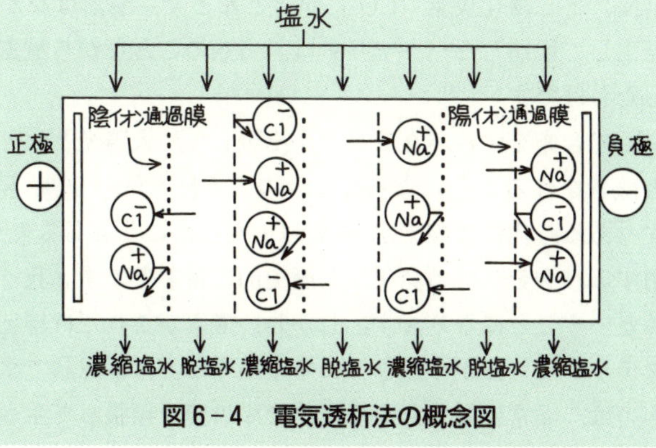

図6−4　電気透析法の概念図

Q７ バクテリアにはどうして好気性菌と嫌気性菌がいるのですか？それらの違いについても教えて下さい。

A. 好気性菌と嫌気性菌

なかなか本質的で根源的な質問ですね。バクテリア（菌）が主に有機物を餌として，それを分解する際にエネルギーを取り出して利用するわけですが，周囲に酸素がある場合にその酸素と有機物などとを反応させてエネルギーをもらうバクテリアが好気性菌で，我々動物とも共通と言えますね。これとは別に酸素のないところで有機物などを分解するバクテリアが嫌気（けんき）性菌です。好気や嫌気の「気」の字は，空気の意味ですが，実質的には空気中の酸素のことなのです。空気中の窒素は，反応性がありませんので，ここではあってもなくても関係ないのです。

汚水処理技術でこれらを利用する場合には，どちらにしても汚水中の汚れ成分は水に溶けている物質ですので，これを気体にして水から追い出せるようにしたり，水にしたり，水に溶ける無害な物質に分解する仕事をしてくれます。

なぜ好気性菌と嫌気性菌がいるのか？

さて，質問のポイントについてですが，もともと誕生間もない頃の地球の大気は，窒素（N_2）と二酸化炭素（CO_2）がほとんどで，酸素はなかったのです。この時代に発生して増殖したバクテリアは，当然のことながら酸素の要らない嫌気性菌だったわけです。

そのうちに，光合成をするバクテリアが出現して，太陽光と水と二酸化炭素から有機物と酸素を作るようになって，今のように大気の 20% もの酸素が作られたのです（ある時代には酸素が 30% 以上だったこともあるようです）。この酸素を利用するバクテリアの発生は，歴史的に新参者です。我々動物もこの新参者の子孫ということになります。しかし，酸素がこれだけ増えた時代にも，嫌気性のバクテリアがしっかり生きているということは不思議ですね。バクテリアというものは，非常にしたたかな生物ですので，頑張って生きているのですね。

好気性菌の仕事

活性汚泥法などで活躍する好気性菌は，汚れ成分を酸素と反応させて，酸化物にする形で分解します。反応としては燃やして酸素と結合させることと同じですが，勿論，水の中での反応ですから火は使いません。汚れ物質の中の炭素分は二酸化炭素（CO_2）に，水素分は水（H_2O）に，窒素分は硝酸塩（NO_3^-）に，りん分はりん酸塩（PO_4^{3-}）に，硫黄分は硫酸塩（SO_4^{2-}）に分解します。

好気性菌は，酸素がある時にそのような働きをしますが，その中にも種類があって，酸素がなくなると全く働かない**偏性好気性菌**と，酸素がなくなると嫌気性処理をし始める菌である**通性好気性菌**とがあります。

嫌気性菌の仕事

酸素がないところで汚れ物質を分解する菌が嫌気性菌です。これは，汚れ成分の分子を分解して，最終的には水素化物にしていきます。分解の前半では，糖分や脂肪分，あるいは蛋白質を，主に酸の形に分解します。脂肪酸や酢酸などの有機酸にするのです。これを**酸発酵**と呼びます。更に分解が進むと，今度は水素化物や水に分解します。汚れ物質の中の炭素分はメタン（CH_4）に，水素分は他成分の水素化物に，酸素分は水（H_2O）に，窒素分はアンモニア（NH_4^+）に，硫黄分はメルカプタン（CH_3SH など）や硫化水素（H_2S）になりますが，りんはりん化水素（PH_3）まではいかず，りん酸のままのことも多いようです。この後半の反応は**メタン発酵**と呼ばれています。

結局，この方法では，一番多く発生する気体がメタンですので，これが近年注目されています。この嫌気性処理法は，従来アンモニアやメルカプタンといったとても臭い物質が発生しますので，臭気対策上嫌われていましたが，メタンという新しいエネルギー源として，脚光を浴びつつあります。

やはり，嫌気性菌のうち，酸素がやってくると活動を止めてしまう**偏性嫌気性菌**と，酸素がくると好気性分解をするという融通の利く**通性嫌気性菌**とがあります。

Q８ シアンやダイオキシンなどのような生物に有害なものでも，微生物処理ができるというのは，なぜですか？

A. シアンやダイオキシンは猛毒

シアン化水素の人に対する経口致死量は50 mgだそうです。つまり，口から50 mgが入ったら死ぬというほどの猛毒です。ダイオキシンは，人に対する致死量が明確になっていないようですが，おそらくかなり毒性が高いでしょう。

なぜ猛毒の物質を生物は分解できるのか？

生物といってもバクテリアは繁殖が速いので，その繁殖の間に突然変異を起こしたり，環境に適応するよう速く進化したりすることが特徴です。そのように遺伝的変化にともなう生物の変化の幅の広さには驚くべきものがあります。

もともと，この地球の大気には二酸化炭素と窒素しかなかった中で，光合成によって二酸化炭素から酸素を作り出したのも微生物でしたし，新たに増えた酸素も，酸素のなかった時代に生きていた生物にとって，はじめは「毒ガス」だったに違いありませんが，この毒ガスをも利用するように進化して多くの生物が生まれたわけです。現代人にとって死亡率の高い病気であるガンも活性酸素が原因ともされており，「酸素毒ガス説」の一端が残っているとも考えられます。おそらく，植物が陸に上がる際に，毒ガスである酸素への対策として体内にビタミンやポリフェノールなどの還元性物質を作るようになったであろうこともうなずけます。その恩恵を現代の我々も受けていることになります。

もちろん馴養は必要

このように生物，とくに微生物は，相手がたとえ毒物であっても，時間をかけてそれを分解したり栄養にしたりする能力を身につけるのです。

そうは言っても，やはり相手は毒物です。すぐに何とかできないことも多いので，その物質に馴れるための時間を必要とします。その時間を馴養期間などと言います。何事にも「練習」は必要なのですね。

なお，ダイオキシン類に含めて考えられているコプラナーポリ塩化ビフェニル（co－PCB）は，分子内の塩素数が2個までのものなら分解が可能であるようですが，それを超える塩素数を含むものは，さすがにまだ分解ができないようです。さらなる馴養の努力が必要なのでしょう。

分解するバクテリアを探す常套手段

ある目的の物質を分解するバクテリアを探す際は，その物質に普段からさらされている土のあたりを探すのがよく行われる方法（常套手段）のようです。そういった土には，（その物質に）馴養したバクテリアが（必ずではないでしょうが）いる可能性があると考えられています。

あるいは，その土にすぐに目的の能力を持つバクテリアがいない場合でも，他のバクテリアよりも馴養のレベルが上のバクテリアがいるかもしれません。

【問題】　次に示す物質の中で，還元性物質に相当しないものはどれか。

1．亜硝酸　　2．ビタミン　　3．二酸化炭素
4．硫化水素　　5．ポリフェノール

解説

肢3の二酸化炭素は，通常はこれ以上酸化されません。その他の物質は他のものを還元して，自身は酸化されることが可能です。

正解　3

Q９ 微生物による排水処理法の中で，生物膜法は活性汚泥法や嫌気性処理法に比べて安定ではあるが，大型装置に向いていないというのはなぜですか？

A. 微生物処理法の分類

主に有機物の微生物分解法を大きく分類しますと，次表のようになります。それらの特徴も併せてご覧下さい。生物膜法が，好気性と嫌気性の両方にまたがっている理由は，この処理法では好気性分解と嫌気性分解の両方を同時に行っているからです。そのため，「好嫌気性処理法」という言い方もあります。

表６－２　微生物処理法の分類

		分　類		
		好気性処理（酸化的分解）		嫌気性処理（還元的分解）
主な処理法の種類		・活性汚泥法 ・酸化池法 （ラグーン法）	生物膜法 ・散水ろ床法 ・回転円板法 ・接触ばっ気法 ・生物ろ過法 ・担体添加法	嫌気性処理法
主な特徴	大型装置 （処理能力）	建設可能 （大量処理可能）	建設は困難 （大量処理難）	建設可能 （大量処理可能）
	建設費	普通	安価	普通～高価
	生物の多様性 （食物連鎖）	低い（短い）	高い（長い）	低い（短い）
	主な生物	バクテリア （ズーグレア，ボルティセラ等）	バクテリア（好気，嫌気），原生動物（ワムシ等），後生動物	バクテリア（クロストリディウム，ミクロコッカス等）
	運転の安定性 （外乱耐性）	安定性に不安 （弱い）	高い安定性 （比較的強い）	安定性に不安 （弱い）
	発生汚泥量	多い	少ない	少～中量
	反応生成物	酸化物	酸化物＋水素化物等	水素化物等 （メタン等）
	運転最適温度	30～35℃	30～35℃	30～35℃ 50～55℃

生物膜法が安定である理由

生物膜法は，次の図に示しますように，固体の支持体の上に層状に，奥の方から嫌気性層，中間層そして好気性層と層が重なる構造になっています。

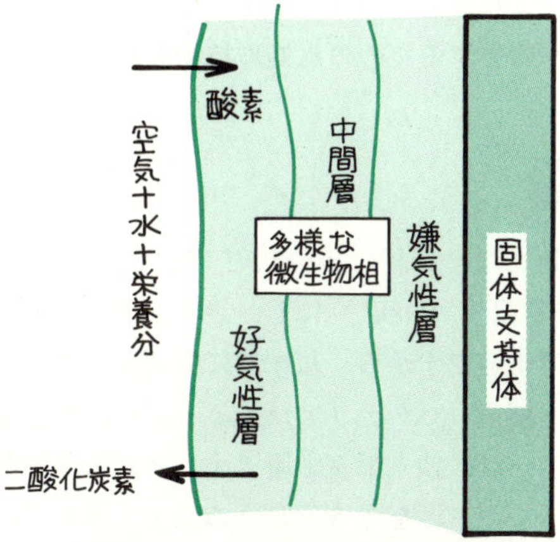

図6－5　生物膜法の模式図

従って，前ページの表でおわかりのように，生物膜法はバクテリアからやや高等な虫レベルの生物まで共存する処理法です。そのため，生物相が豊かで食物連鎖も長くなっています。多少の外乱で一部の生物がダメージを受けても，その他の生物の頑張りで全体としての回復も速く，大きく崩れにくい傾向があります。生物多様性とは，こういうところでも良いことなのですね。

生物膜法で大型装置が作りにくい理由

そのように複雑な生物の生態系を実現している生物膜法は，大型装置にすることで，各部分で万遍(まんべん)なくその複雑さを保持，あるいは維持することが困難になっています。好気性や嫌気性処理法では，比較的生物相が単純ですので，大型装置として作っても，それなりに生物相を維持することは可能です。

Q 10　硝化作用と脱窒作用のちがいについて教えて下さい。

A. これらの作用は，富栄養化の原因物質のうちの窒素化合物を除去するための水処理技術の基礎となります。

硝化作用

硝化作用とは，単純に硝酸化と考えて下さい。アンモニア態窒素（NH_4^+）を亜硝酸態窒素（NO_2^-）にし，さらに硝酸態窒素（NO_3^-）に変える作用をいうものです。ですから，基本的に酸化反応になります。

これらの作用は，細菌（バクテリア）によって行われます。硝化工程に関与するバクテリアは，一般に独立栄養細菌です。独立栄養細菌は，自栄養細菌とも呼ばれ，活動エネルギー源を無機化合物の酸化エネルギーに依存する菌，あるいは細胞を構成するための骨格となる炭素源を空気中の炭酸ガスに求める菌のことを言います。つまり，基本的に無機物を栄養として生きられる細菌のことです。

硝化反応を化学反応式で見てみますと，次のようになります。これらの反応は水素イオン（H^+）を発生したり，強酸である硝酸などを生じますので，酸性側に移行し，pH は低くなります。

［アンモニアの酸化］

$$2NH_4^+ + 3O_2 \rightarrow 2NO_2^- + 2H_2O + 4H^+$$

$$NH_4^+ + 2O_2 \rightarrow NO_3^- + H_2O + 2H^+$$

［亜硝酸の酸化］

$$2NO_2^- + O_2 \rightarrow 2NO_3^-$$

脱窒作用

脱窒作用とは，窒素を脱(ぬ)く（引き抜く）ことで，主に液体である化合物中の窒素を窒素ガスに換えて空気中に移動させる作用と考えて下さい。やはり，バクテリアによって行われます。還元反応です。

脱窒工程に関与するバクテリアは，一般に従属栄養細菌で，他栄養細菌あるいは有機栄養細菌とも呼ばれ，有機化合物を還元して生活したり増殖したりします。これらは，無機物からエネルギーを取り出すことのできない細菌です。

脱窒反応には次の 2 種があり，いずれも OH^- を発生しアルカリ側に移って，pH は高くなります。

$2NO_2^- + 6H$（水素供与化合物） → $N_2\uparrow + 2H_2O + 2OH^-$

$2NO_3^- + 10H$（水素供与化合物） → $N_2\uparrow + 4H_2O + 2OH^-$

↑印は気体となって出ていくことを意味します。

より具体的な水素供与化合物の例で見てみますと，

［亜硝酸とアンモニアの反応］

$HNO_2 + NH_4OH \rightarrow N_2\uparrow + 3H_2O$

［硝酸と硫化水素の反応］

$8HNO_3 + 5H_2S \rightarrow 4N_2\uparrow + 5H_2SO_4 + 4H_2O$

Q 11 コゼニー・カルマンの式は複雑ですが，覚えなければなりませんか？

A. コゼニー・カルマンの式とは？

コゼニー・カルマンの式は，充てん層における圧力損失を表す式のことで，水質関係（汚水処理特論）のろ過抵抗において出てきます。式の形は，充てん層の圧力損失を$\varDelta p$［Pa，あるいはm］として，次のようになります。

$$\varDelta p = k\frac{m_{\mathrm{d}}\eta v}{\rho d^2}\cdot\frac{1-\varepsilon}{\varepsilon^3}\quad\text{（コゼニー・カルマンの式）}$$

ここに，それぞれの変量は次のものです。

m_{d}：ろ層充てん密度（単位面積当たりの粒子充てん量）［kg/m²］

η：水の粘度［kg/(m·s)，Pa·s］

v：水のろ過速度［m/s］

ε：空げき率（空隙率）［－］

ρ：充てん粒子密度［kg/m³］

d：ろ層粒子径（一般に，比表面積径を使います）［m］

k：定数

ここで，ろ層充てん密度m_{d}は粒子の充てん状態から，ろ層厚みL［m］と次の関係にあります。

$$m_{\mathrm{d}} = (1-\varepsilon)\rho L$$

このろ層充てん密度m_{d}を先のコゼニー・カルマンの式に代入しますと，

$$\varDelta p = k\frac{\eta v L}{d^2}\cdot\frac{(1-\varepsilon)^2}{\varepsilon^3}\qquad\text{（コゼニー・カルマンの式）}$$

これもコゼニー・カルマンの式と呼ばれるもので，表現によって$(1-\varepsilon)$の1乗に比例する式と2乗に比例する式とがありますので，混乱されないようにお願いします。

説明が長くなりましたが，この式をすべて覚える必要は必ずしもありません。しかし，試験では，圧力損失$\varDelta p$が何に比例するか，あるいは反比例するか，という観点で出題されることがかなりありますので，何がどのように影響するかを頭に入れておかれるとよいでしょう。

分子で言いますと，L（ろ層厚み），η（水の粘度），v（ろ過流速）に比例すること，そして分母の $d^2\varepsilon^3$ の影響が重要でしょう。粒子径・空げき率を「けい・くう」と呼んで「2乗・3乗」に反比例すると考えましょう。（空げき率 ε の場合は，正確には分子にも現れていますので，正しく3乗とも言えませんが）

【問題】 **充てん層を通過する水の抵抗を圧力損失で表した場合，その圧力損失は次のどれにどのように比例するか。ただし，*n* 乗に比例する場合 *n* と，*n* 乗に反比例する場合 −*n* と書くものとする。**

	水の粘度	ろ過速度	充てん層厚み	充てん粒子の平均径
1	1	1	1	− 2
2	1	− 1	1	− 1
3	− 1	1	− 1	− 2
4	1	− 1	1	− 2
5	− 1	1	− 1	− 1

解説

これはコゼニー・カルマンの式をそのまま問うている問題ですね。意味から考えてもほぼおわかりになると思います。

正解　1

Q 12　汚泥処理プロセスについて教えて下さい。また，汚泥の水分率には２種類の表し方があるそうですが，それについても教えて下さい。

A. 排水処理から発生する汚泥

汚泥とは一般に水分を含む固体です。固形分を含む排水の処理や，沈殿物を生じる処理において発生します。この汚泥も害のないようにして処分する必要があります。多くの物理的，化学的，あるいは生物学的な処理において汚泥は発生します。この汚泥も自工場あるいは他工場の原料として使うことができれば望ましいのですが，まだ現状はなかなかそうはなっていません。

汚泥処理プロセス

一般に，汚泥は水分が 90% どころか 98% 以上の水分を含んで流動性のあるものが多く，これを固形化する操作が必要となります。主に，次のような工程（プロセス）にて処理されます。

工程	前処理	脱水・ろ過	汚泥焼却
主な処理方式	ろ過助剤添加 凝集剤添加 水洗 熱処理 凍結および融解	加圧ろ過 加圧脱水 真空ろ過 スクリュープレス 遠心脱水	縦型多段炉 流動焼却炉 階段式ストーカ炉 ロータリーキルン

汚泥の水分率

水分率とは，汚泥にどれだけの水分が含まれているのかという指標ですが，その際に次の２つの基準があります。この基準とは，どの量に対する水分であるかということです。

① **湿量基準（湿基準，湿潤基準）**

水分を含む汚泥量全体に対して水分がどれだけあるか，ということです。

② **乾量基準（乾基準，乾燥基準）**

汚泥の乾燥部分（水分を除いた部分）に対して水分がどれだけあるか，ということです。

もう少し具体的に説明しますと，汚泥を乾燥した時 D[g]で，水分が W[g]であったとして，次のようになります。

① **湿量基準水分率** $=\dfrac{W}{W+D}\times 100$[%]

② **乾量基準水分率** $=\dfrac{W}{D}\times 100$[%]

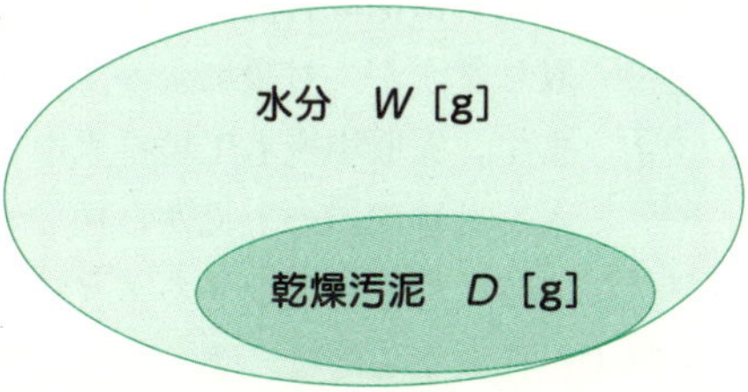

【問題】 ある汚泥の湿量基準水分率が w_W ［%］である時，その乾量基準水分率は w_W で表すと何%になるか。

1．$\dfrac{w_W}{1-w_W}$　2．$\dfrac{w_W}{100+w_W}$　3．$\dfrac{100\,w_W}{100+w_W}$

4．$\dfrac{w_W}{100-w_W}$　5．$\dfrac{100\,w_W}{100-w_W}$

解説

湿量基準水分率が w_W であるということは，水分が w_W ［g］ある時に乾燥汚泥が $100-w_W$ ［g］あるということですから，その乾量基準水分率を w_D としますと，

$$w_D=\frac{w_W}{100-w_W}\times 100\ [\%]$$

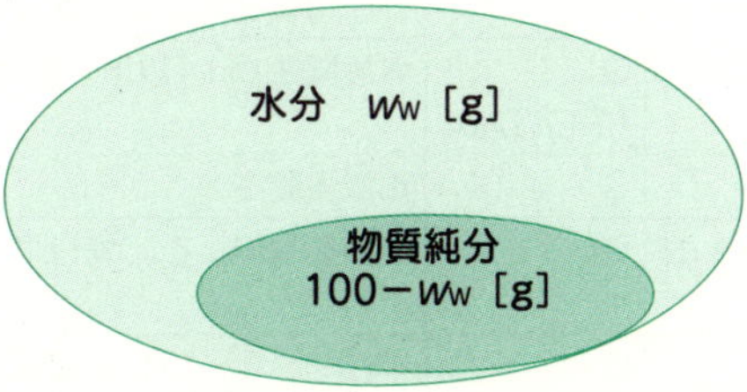

正解　5

Q 13 水質の試料採取法とその保存方法についてまとめて教えて下さい。

A. 試料採取

試料は採取目的，試料の性質，状況などにより，試料容器に直接採取しますが，対象によっては容器の材質も適切に検討する必要があります。採取場所も工場排水なら排水口や廃水処理施設の排水口，河川水なら排水口の上流から採取するなど，影響を避けるようにします。試料は採取時に均一に採取するようにし，濁りがある場合やヘキサン抽出物質用試料水を採取する時は，よく混合している場所を選びます。

次の表に全体をまとめますので，保存方法とともにご覧下さい。

表6－3　試料採取の容器と保存条件

測定項目	採取容器	保存方法
pH	P，G	保存できませんので，採取時に測定します。
BOD，COD	P，G	0～10℃の暗所での保存です。
浮遊物質	P，G	0～10℃の暗所での保存です。
トリクロロエチレン，ジクロロエチレン，四塩化炭素等	G	0～10℃の暗所での保存です。びんの中は満水にします。
大腸菌群数	G（滅菌）	0～5℃の暗所で，9時間以内に測定。
フェノール類	G	りん酸酸性 pH 4，硫酸銅添加，0～10℃の暗所での保存です。
全窒素	P，G	硫酸または塩酸酸性 pH 2．0～10℃の暗所での保存です。
全りん	P，G	クロロホルムを試料1Lに対して5mL添加。0～10℃の暗所での保存です。
ノルマルヘキサン抽出物質	G（広口びん）	塩酸酸性 pH 4以下。空間部約10%残す。
有機りん化合物	G	塩酸弱酸性
銅，亜鉛，カドミウム，セレン，鉛，水銀，全クロム	P，G	硝酸を添加して，pH 1にします。
クロム（Ⅵ）	G	中性で，0～10℃の暗所での保存です。
ひ素	P，G	前処理の不要な場合，無ひ素塩酸でpH 1，前処理が必要なら，硝酸でpH 1にします。

溶解性の鉄，マンガン	P，G	採取直後にろ紙 5 種 C か，1 μm 以下のろ材でろ過し，初めの 50 mL を捨てて，ろ過液に硝酸を添加して pH 1 にします。
シアン化合物	P，G	水酸化ナトリウムで pH 12。残留塩素等の酸化性物質を含むときは，アスコルビン酸で還元して pH 12 にします。
ふっ素化合物	P	安定です。特に条件はありません。

P：ポリびん（ポリエチレン製等のプラスチック容器）
G：ほうけい酸ガラス（硬質ガラス）製の容器

【問題 1】 水質関係の試料採取にあたって，冷暗所で保存すべきものに該当しないものはどれか。

1．BOD　2．COD　3．六価クロム
4．シアン化合物　5．トリクロロエチレン

解説

肢 4 のシアン化合物は，pH を 12 にすることが絶対条件です。保存する温度は極端に高温でなければ，とくにかまいません。

正解　4

【問題 2】 水質関係の試料採取にあたって，保存のために使用する酸の種類として不適切なものはどれか。

	測定項目	保存のために使用する酸の種類
1	フェノール類	りん酸
2	全窒素	硫酸または塩酸
3	有機りん化合物	塩酸
4	ひ素	塩酸または硝酸
5	ふっ素化合物	酢酸

解説

肢 5 のふっ素化合物は変化しにくいので，とくに酸を用いて予備処理をしておく必要はありません。ふっ素化合物で気をつけるべきことは，試料容器としてガラスを使ってはならないことです。多くの物質の中で唯一ガラスを溶かしてしまうおそれがあります。

正解　5

Q 14 BODやCODって何ですか？なぜ河川がBODで，海域・湖沼がCODと基準が区別されているのですか？また，その測定原理を教えて下さい。

A. BODとCOD

BODもCODも水質の汚れ具合の指標です。ODはOxygen Demand，直訳すれば酸素の要求ということですが，酸素要求量，あるいは酸素消費量と訳されます。

具体的には，水中の汚れを酸化分解するために，どのくらいの酸素が必要なのか，という指標です。Bは生物化学的，Cは化学的ということで，BODは好気性バクテリアが水中の有機物を分解するために使う酸素量（生物化学的酸素要求量/消費量），CODは化学物質（酸化剤）を使って分解するのにどれだけの酸素相当量が必要かということで，化学的酸素要求量/消費量と言います。

これらは，主に水中の有機物が対象となりますが，CODは還元性の無機物も測定にかかります。

なぜ河川と海域・湖沼で基準が異なるのか

日本の河川は海に到達するまでの流下時間が短く，その短い時間内で生物によって酸化されやすい有機物を問題にすればよいのに対して，海域や湖沼は滞留時間が長く，有機物の全量を問題にする必要があること，また湖沼には一般に光合成により有機物を生産し，溶存酸素の消費・生成を同時に行う藻類等が大量に繁殖していて，BODの測定値が不明瞭になりやすいことなどによるとされています。

CODの測定原理

CODの測定原理は，化学的な酸化剤による酸化反応に必要な酸素量を求めることです。

一般に，CODの測定においては強力な酸化剤を使うことが多いので，通常は，CODの値の方がBODの値より大きくなることが普通です。用いる酸化剤の種類によってもCODの値は異なることがありますので，二クロム酸カリウム（$K_2Cr_2O_7$）水溶液を用いて測定したCODをCOD_{Cr}と，過マンガン酸カリウム（$KMnO_4$）水溶液を用いて測定したCODをCOD_{Mn}と書いたりします。また，アルカリ性状態下で過剰の過マンガン酸カリウム（$KMnO_4$）と反応させたあと，残った過マンガン酸カリウムをチオ硫酸ナトリウム（$Na_2S_2O_3$）で滴定（逆滴定と言います）して求める方法もあり，これはCOD_{OH}と書かれます。

BODの測定原理

BODの測定原理は，一般的な好気性バクテリアによる酸化反応に必要な酸素量を求めることです。従って，一般的な好気性バクテリアによっては酸化されにくい物質（例えば，亜硝酸塩など）を含むサンプルではBODはカウントされません（亜硝酸塩を酸化できる硝化菌も好気性バクテリアの一種ですが，通常はBODには使われません）。

測定方法としては，りん酸緩衝液（pH 7.2），$MgSO_4$，$CaCl_2$，$FeCl_3$を含む希釈水で希釈したサンプルを20℃で5日間培養した時の溶存酸素D_2と，培養前の溶存酸素D_1とから次のように求めます（Pはサンプル量を希釈後の量で割った希釈比です）。

$$\mathrm{BOD}=\frac{D_1-D_2}{P}$$

Q 15 原子吸光法，ICP分析法および吸光光度法で測定する対象物質を整理してもらえませんか？

A. 機器分析の測定法と対象物質

原子吸光法とICP分析法は基本的に金属を対象としています。吸光光度法は非金属が多いですが，金属を対象とする場合もあります。以下に，表としてまとめてみます。

表6－4　原子吸光法，ICP分析法および吸光光度法の測定対象物質と条件

対象物質	原子吸光法		ICP分析法		吸光光度法
	フレーム式	電気加熱式	発光分析法	質量分析法	
銅	[324.8 nm]		[324.754 nm]	m/z=63	――
亜鉛	[213.9 nm]		[213.856 nm]	m/z=66	――
溶解性鉄	[248.3 nm]		[248.204 nm]	―――	――
溶解性マンガン	[279.5 nm]		[257.610 nm]	m/z=55	――
全クロム	[357.9 nm]		[206.149 nm]	m/z=52	ジフェニルカルバジド [540 nm 赤紫色]
フェノール	――	――	――	――	4-アミノアンチピリン [510 nm 赤紫色]
全窒素	――	――	――	――	硝酸イオン [220 nm 非可視]
全りん	――	――	――	――	モリブデン青 [880 nm 青色]

（注）[　] の数値は，測定波長を示します。また，m/z は質量対電荷比を示します。

原子吸光法・ICP分析法における酸処理条件

また，原子吸光法とICP分析法では，試料をあらかじめ酸を用いて処理することが多いので，その条件を表にして整理してみましたのでご覧下さい。

表 6－5　原子吸光法および ICP 分析法における金属分析の条件

分析法の大分類	原子吸光法		ICP 分析法	
前処理の酸濃度	0.1～1.0 mol/L		0.1～0.5 mol/L	
個別分析法と使用する分解酸の種類	フレーム法	電気加熱法	発光分析法	質量分析法
	塩酸または硝酸	硝酸	塩酸または硝酸	硝酸
銅	○	○	○	○
亜鉛	○	○	○	○
鉄	○	○	○	－
マンガン	○	○	○	○
クロム	○	○	○	○

【問題 1】　次に示す測定項目において，吸光光度法で測定することになっていないものはどれか。

1．フェノール　　2．全チッソ　　3．全りん
4．全クロム　　5．溶解性マンガン

解説

肢 5 の溶解性マンガンは，原子吸光法または ICP 分析法で測定されます。

正解　5

【問題 2】　次に示す金属の測定方法とその条件の中で，不適切なものはどれか。

	測定項目	測定方法		測定波長
1	銅	ICP 分析法	発光分析法	324.754 nm
2	亜鉛	原子吸光法	電気加熱式	213.9 nm
3	溶解性鉄	ICP 分析法	発光分析法	248.204 nm
4	溶解性マンガン	原子吸光法	フレーム式	279.5 nm
5	全クロム	ICP 分析法	発光分析法	357.9 nm

解説

測定方法にはおかしなところはないようです。測定波長は数値を覚えるところまで要求されるとは思えませんね。では，どこでしょう。よく見ますと，肢 5 の波長が ICP 発光分析法なのに，小数点以下 1 桁の数値となっていて肢 1 や肢 3 と異なりますね。

正解　5

Q 16 質量分析法の原理をまとめて教えて下さい。

A. 質量分析法も，質量スペクトルによって定量・定性分析を行いますので，広い意味では，分光分析法に分類されます。分析対象の分子を何らかの方法で分解し，その分解破片の重さを測定して分子の分析を行う方法と言えます。

質量分析法の原理

磁場収束型

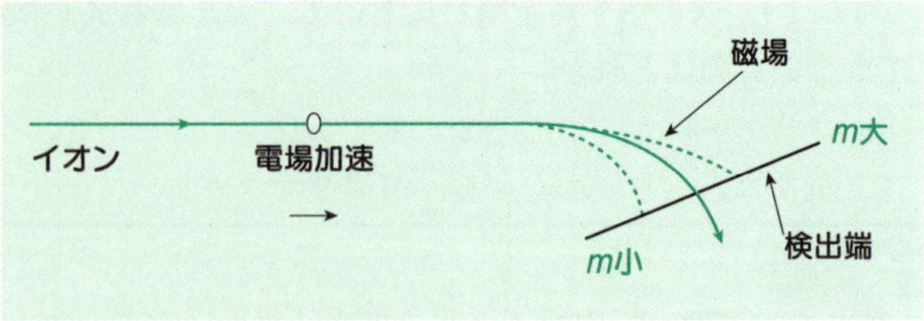

試料に電子や加速した不活性原子を照射してイオン化し，これを電場で加速して磁場の中に導入しますと，そのイオンの行程は一定の半径の円を描きます。この半径は，フレミングの左手の法則（物理法則ですが，名前だけ覚えておいて下さい）による力と遠心力との釣り合いで決まります。イオンの電荷を z とし，質量（イオンの分子量）を m としますと，m/z の大きさに従ってコレクター（集め器）に導入できます。これによって質量スペクトルが得られ，試料分子がイオン化した分子イオンピーク，試料分子が開裂して生成する分解物イオンピークおよび試料に含まれる同位体のピークなどがスペクトルとなって得られて，試料の分子構造を推定することができます。

つまり，分子の重さを測る訳ですが，重さだけで分子の特定ができるというのは不思議ですね。その原理は「体重が75 kgだから，田中さんだ」という訳にはいかないので，イオンに分解して分解物（フラグメントイオン）の重さを知ることで，分解前の物質を決め

ることができるというもの（原理）です。分子は「同じ壊し方（イオン化の仕方）をすれば同じ形に壊れる」からです。

四重極型

向かい合った二組の電極（四重極）に，それぞれ直流電圧と交流電圧を重ねてかけますと，この中の空間にフラグメントイオンが導入された時に，特定の m/z だけのものが通過するようにできます。これによってフラグメントイオンを分離します。

二重収束型

磁場に導入する前に電場に導入し，イオンの運動エネルギーを揃えておいて磁場にかけます。分解能が向上します。

飛行時間型

一定の加速電圧の条件で直線上の軌道に検出器を設けておきます。質量の小さなイオンから順に検出器に到達し，飛行時間によってスペクトルを得ます。

イオン化法の種類

・電子衝撃法（EI）
・化学イオン化法（CI）
・高速中性原子衝撃法（FAB）

汎用検出器としての利用

質量分析計は，ガスクロマトグラフや高速液体クロマトグラフの検出器としても利用され，高感度で定性機能が高いので重宝されています。ガスクロマトグラフの後段につけるものをGC-MS（ジーシーマスと読みます），液体クロマトグラフの後段につけるものをLC-MSなどと言っています。GC-MSはダイオキシン類などをはじめとする微量物質の分析で活躍していますし，LC-MSも普及しています。さらに，無機元素の分析においてもICP（誘導結合プラズマ）でイオン化し，質量ごとに検出するICP-MSが高感度な分析法として近年とみに利用されるようになっています。

Q 17 練習のために，汚水処理関係の基礎練習問題を出して下さい。

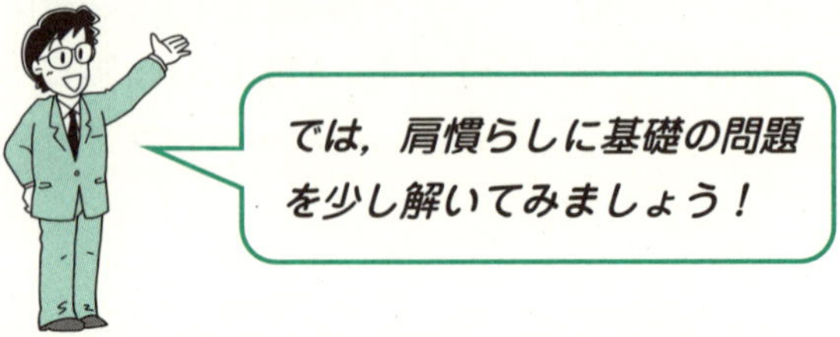
では，肩慣らしに基礎の問題
を少し解いてみましょう！

【問題１】 細管中を流れる流体が，流速の水準によって示す状態の名称のうち正しいものはどれか。

選択肢	低流速状態	中間流速状態	高流速状態
1	乱流	遷移域	層流
2	層流	中間域	乱流
3	乱流	中間域	層流
4	整流	中間域	乱流
5	乱流	遷移域	整流

解説

中間流速状態は，遷移域とも中間域とも言われますので，どちらも正しい用語です。高流速状態が乱流，低流速状態が層流となります。整流とは流れを整えることを言います。流れの状態ではありません。

正解　2

【問題２】 ろ過技術などにおいて，粒状層を通って水が流れるときのろ層のろ過抵抗を表す式はどれか。

1．ニュートンの式　　2．アレンの式
3．ネルンストの式　　4．ミカエリス・メンテンの式
5．コゼニー・カルマンの式

解説

ろ過抵抗を表す式は，肢５のコゼニー・カルマンの式でしたね。肢１のニュ

ートンの式は層流における，肢２のアレンの式は中間域における粒子の終末沈降速度を表す式でした。

肢３のネルンストの式は電気化学の式でしたね。肢４のミカエリス・メンテンの式はミハエリス・メンテンの式とも言って酵素反応の速度式で，第８編の大規模水質特論で出てきます。

正解　5

【問題 3】　次の凝集剤で，陰イオン性高分子凝集剤に分類されるものはどれか。

1．硫酸アルミニウム　　2．塩基性塩化アルミニウム
3．塩化鉄（Ⅲ）　　4．ポリエチレンイミン
5．ポリアクリル酸ナトリウム

解説

肢１～肢３までは，基本的に無機化合物です。もちろん，無機化合物の中にも高分子になるものはあり，肢２の塩基性塩化アルミニウムはポリ塩化アルミニウムとも言われる無機化合物で，高分子になるものの一例です。しかし，これは，塩素イオンが遊離しますと，高分子本体はプラスイオン（陽イオン）になりますので，この問題の解答には該当しません。

また，肢４のポリエチレンイミンは，

$$—(CH_2CH_2NH)_n—$$

の構造を持ちますが，＞NH 部分に水素イオンが配位結合して＞NH_2^+の陽イオンの形となります。

肢５のポリアクリル酸ナトリウムが，ナトリウムイオンの解離により次の形となって陰イオン性高分子凝集剤となります。

$$—(CH_2\underset{\displaystyle COO^-}{\underset{|}{C}H})_n—$$

正解　5

【問題４】　次に各種の塩素化合物とその中の塩素の酸化数をまとめているが，その中で不適切なものは１～５のうちのどれか。

選択肢	化合物名	分子式	塩素の酸化数
1	過塩素酸	$HClO_4$	＋７
	塩素酸	$HClO_3$	＋５
2	亜塩素酸	$HClO_2$	＋３
	次亜塩素酸	HClO	＋１
3	一酸化二塩素	Cl_2O	＋１
	塩素	Cl_2	0
4	塩素イオン	Cl^-	0
5	塩酸（塩化水素酸）	HCl	－１

解説

肢４の塩素イオンは，単原子イオンですので，その場合にはイオンの価数がそのまま酸化数になり，この場合の酸化数は－１となります。その他の欄については正しい数値となっていますが，それぞれ確認をしておいて下さい。

正解　４

【問題５】　排水処理法に関する記述として，誤っているものはどれか。

1．硫酸アルミニウムを用いた凝集処理では，凝集に最適な pH 範囲が存在する。
2．砂ろ過では，均等係数の大きい砂の方がろ材として好ましい。
3．遊離塩素とは，Cl_2，HClO および ClO^- のことである。
4．電気透析法は，水中の電解質の分離に適用することができる。
5．逆浸透法は，水中の無機性，有機性成分の大部分を分離できる。

解説

肢１：凝集に最適な pH は６～８です。正しい記述です。

肢２：ろ材の均等係数は，次のように定義されます。この値が１に近い方が均等であることを示し，砂ろ過では一般に 1.7 以下のものが使用されます。

$$均等係数 = \frac{ろ材の全重量の60\%が通過する径}{ろ材の全重量の10\%が通過する径}$$

肢３：遊離塩素は，Cl_2，HClO および ClO^- を指します。正しい記述です。

肢 4：陰陽イオンのいずれか一方だけを選択的に透過させる膜を交互に配置して，その両端に直流電圧を加えますと，各イオンがそれぞれの膜を通過して分離します。海水の濃縮又は脱塩について多くの実積があります。

肢 5：水は透過するが，溶質はほとんど透過しない半透膜（逆浸透膜）を介して溶液と水をおくことで，水だけが溶液側に移動します。これが浸透です。水溶液の水面は次第に上昇し，ある高さで平衡に達します。この時の水位差を浸透圧といい，水溶液の水面は溶液の濃度が高いほど高くなります。

この時，溶液側に浸透圧以上の圧力をかけますと，水溶液の水だけが半透膜を通過して水側に移動します。このようにして水溶液から水だけ取り出し，濃厚溶液を分離することができますが，これを逆浸透法と言います。

正解　2

【問題 6】　嫌気性処理法に関して，次の文章の中で正しいものはどれか。

1．エネルギー消費は，好気性処理法より多い。
2．懸濁性物質濃度が高くても安定な運転ができる。
3．高濃度の可溶性有機物を含有する排水に対してはあまり有効でない。
4．処理水を放流する場合にエアレーションをする必要がある。
5．嫌気性微生物の活性は一般に好気性微生物より高い。

解説

肢 1：嫌気性処理のエネルギー消費は，好気性処理より少なく記述は誤りです。

肢 2：懸濁（けんだく）性物質濃度が高いと嫌気性微生物の増殖が妨げられます。沈殿処理などによって懸濁物質をあらかじめ取り除くことが望ましいので，この記述も誤りです。

肢 3：中～高濃度の可溶性有機物を含有する排水に，嫌気性処理法は有効です。

肢 4：嫌気性処理法においても，処理した水は酸欠になっていますので，放流する前に好気処理（エアレーション）を行う必要があります。正しい記述です。

肢 5：嫌気性微生物の活性は，好気性微生物より 1 桁少ないので誤りです。

正解　4

【問題7】　採取した試料を保存する場合の処理に関する記述として，誤っているものはどれか。

1．ヘキサン抽出物質検定用試料は，広口ガラス容器に入れて塩酸（1＋1）でpHを4以下にして保存する。

2．ふっ素検定用試料は，プラスチック容器に入れて，0～10℃の暗所に保存する。

3．フェノール類検定用試料は，りん酸を加えてpHを約4にし，試料1Lにつき硫酸銅（Ⅱ）五水和物1gを加え，ガラス容器に入れて0～10℃の暗所に保存する。

4．全窒素検定用試料は，ガラス容器あるいはプラスチック容器に入れて硫酸，または塩酸でpHを2とし0～10℃の暗所に保存する。

5．COD検定用試料は，ガラス容器あるいはプラスチック容器に入れて0～10℃の暗所に保存する。

解説

肢1,肢3～肢5：それぞれ設問の通りで，正しい記述です。

肢2：ふっ素検定用試料については，保存方法についてとくに規定されていません。ふっ素化合物は，ふっ化物イオン，金属ふっ化物およびフルオロ錯体などを総称したふっ化物イオンと，アルカリ土類金属及び希土類元素とは金属ふっ化物の懸濁または沈殿の状態で存在します。測定時には強酸性で水蒸気蒸留してすべてふっ化物イオンに変えられます。保存中にふっ素化合物の形態が変化しても，ふっ素成分そのものは変化しないので温度の制約や試薬の添加の必要はありません。記述は誤りです。

正解　2

【問題8】　誘導結合プラズマ（ICP）発光分析法について述べた文章において不適切なものはどれか。

1．ICP発光分析装置の試料導入部は，試料を送り込むネブライザーと噴霧室より成る。

2．ICP発光分析装置の発光部はプラズマを形成する所で，石英製のトーチという三重管上部の誘導コイルに高周波をかけアルゴンプラズマを形成する。

3．ICP発光分析装置の分光測定部では，発光した光のスペクトル線を分光器で分離して検出する。
4．ひ素やセレンの測定では，それらを酸化物にしてプラズマ中に導入する。
5．ICP 発光分析法は，金属の他に，ほう素やりんなども十分測定できる。

解説

肢 1：ネブライザーは霧吹きの意で，試料を細かい霧状にして発光部のプラズマトーチに導入します。トーチは英語で松明（たいまつ）の意です。

肢 2：三重管は，外側の管が冷却ガス，中間が補助ガス，中心管にキャリアーガスであるアルゴンガスを通します。

肢 3：分光器には，同時測定形の分光器であるポリクロメーター方式や，順次測定するシーケンシャル形の分光器であるモノクロメーター方式などがあります。検出器としては光電子増倍管や固体検出器などを使用します。

肢 4：ひ素やセレンの場合，酸素化物ではなくて水素化物，あるいは水素化合物にしてプラズマ中に噴霧します。

肢 5：多成分の同時測定も順次測定も可能です。

正解　4

喫茶室　いま，グリーン革命を進めなければ

人類は，過去に多くの革命をしてきました。フランス革命など，政治の仕組みを変えた革命もありましたが，ここでは社会の大きな流れを変えた革命について考えてみましょう。

まず，狩猟生活あるいは採取生活から農業生活に移る革命がありました。現在の多くの野生動物のように狩りをしたり木の実を取ったりという食糧の獲得法に対して，種を蒔（ま）き育てて収穫するという食糧の獲得法に切り替わったのが農業革命です。牧畜も同様です。これらは，数千年の時間をかけて成し遂げられた革命です。

次に，産業革命があります。人力機械や馬や牛の力による畜力機械の時代から，蒸気機関などの動力機械によって産業を高度化させることに成功しています。この革命は，最終的にイギリスを中心とするヨーロッパで花開いたのですが，中世アラビアの学者の仕事など，それに至る長年の蓄積を考えると実質的に数百年程度かかった革命でした。

さて，現代の私たちにとって，使い捨て型の社会から完全な循環型社会に切り替えるための革命が求められています。これをグリーン革命と呼ぶ人もいます。これは，たぶん数十年で実施しなければ人類はもたないのではないかと思います。地球の全人類が力を合わせて，知恵を出し合って進めていかなければならないのではないかと思います。

グリーン革命を「緑の革命」とは「書くめえ」ぞ
そういうオヤジギャグもいいけど「緑の革命」でもいいじゃないですか　緑は人に優しい色だと思いますわよ

第7編

水質有害物質特論

どのような問題が出題されているのでしょう！

（出題問題数　15問）

1）ほぼ毎年出題されているものとして，次のような内容が挙げられます。

- 含水銀排水の処理　1題
- 含ひ素排水の処理　1題
- 含カドミウム排水の処理　1題
- 分析機器　1題
- 有機塩素化合物処理　1題
- 含クロム排水の処理　1題
- 含ほう素排水の処理　1題
- 含鉛排水の処理　1題
- 試料の採取と保存　1題
- GC および GC-MS　1題

2）毎年ではなくても，それに準じて出題されているものとしては，次のようなものがあります。

- フェライト
- 溶解度
- 含シアン排水処理
- セレン分析法
- 水銀分析法
- 含全窒素排水処理
- 鉄粉法
- 排水基準
- 含ふっ素排水処理
- シアン分析法
- クロム分析法
- 含重金属排水処理
- 錯体形成
- スラッジの扱い
- 含セレン排水処理
- ほう素分析法
- 活性炭処理

Q１　有害物質の処理方法にはどのような方法があるのですか？その全体像を教えて下さい。

A. 重金属等の処理方法

有害物質の中で，重金属等の処理法は，大きく次の三つに分類できます。

イ）難溶性の塩類など難溶性化合物を形成して凝集沈殿分離する方法
ロ）イオン状態で吸着する方法（イオン交換樹脂など）
ハ）錯体のまま吸着する方法（活性炭吸着法など）

しかし，これらの分離法によって得られる金属スラッジ（金属を含む汚泥）も単純な埋立処理をしておくだけでは地下水や雨などによって重金属等が再び溶解して影響するおそれもありますので，重金属を回収して濃縮・再利用するか，コンクリート固化や焼結処理等のような安定化処理が必要となります。

表７－１　金属類およびふっ素等の処理方法

対象物質	難溶性物質生成・凝集沈殿	凝集沈殿法	磁気分離法	イオン交換法	吸着法	各種還元法			共沈法
						薬品還元	電解還元	金属鉄還元法	
カドミウム	水酸化物，硫化物	―――	フェライト生成	イオン交換樹脂	鉄粉法	―――	―――	―――	クロム塩，鉄塩
鉛	水酸化物，硫化物	―――	フェライト生成	イオン交換樹脂	鉄粉法	―――	―――	―――	―――
六価クロム	―――	―――	―――	イオン交換樹脂	活性炭	亜硫酸塩，硫酸鉄	電解還元	―――	―――
水銀	硫化物	―――	―――	―――	活性炭	―――	―――	―――	―――
ひ素	―――	―――	―――	―――	―――	―――	―――	―――	鉄塩
セレン	―――	―――	―――	イオン交換樹脂	活性炭，活性アルミナ	金属鉄	―――	鉄塩（Ⅱ）	水酸化鉄
ほう素	―――	アルミン酸カルシウム	―――	*N*－メチルグルカミン酸	―――	―――	―――	―――	―――
ふっ素	ふっ化カルシウム	―――	―――	―――	ふっ素吸着樹脂	―――	―――	―――	水酸化物

非金属有害物質の処理方法

非金属有害物質の処理方法について，次表にまとめます。

表7−2　非金属有害物質の処理方法

対象物質	吸着法	酸化等分解法	熱分解法	イオン交換法	沈殿法	揮散法	生物処理法
シアン化合物	吸着法	オゾン酸化法，電解酸化法 アルカリ塩素法	煮詰法 湿式加熱法 酸分解燃焼法	——	紺青法	——	生物処理法
アンモニア	ゼオライト吸着法	不連続点塩素処理法 触媒分解法	——	陽イオン交換樹脂法	——	アンモニア・ストリッピング法	硝化・脱窒法
亜硝酸・硝酸	——	——	——	陰イオン交換樹脂法	——	——	硝化・脱窒法
有機りん化合物	活性炭吸着法	——	——	——	——	——	アルカリ加水分解活性汚泥法
ポリ塩化ビフェニル	活性炭吸着法	——	噴霧燃焼高温熱分解法	——	凝集沈殿法	——	生物分解法
低分子有機塩素化合物	活性炭吸着法	酸化分解法	——	——	——	揮散法	生物分解法
ベンゼン	活性炭吸着法	——	——	——	——	揮散法	生物分解法

Q２ 重金属イオンなどを中和して沈殿させる処理法があり，ものによってはアルカリ側にしすぎると問題だといいますが，それはなぜでしょうか？

A. 重金属の沈殿分離法

有害な重金属イオンを含む排水から，その金属を除く方法の一つとして中和沈殿法があります。一般に金属は，酸に溶解しますので酸性排水中で金属イオンとして存在しますので，これを中和しますと，金属の水酸化物は溶解度がかなり低いので，金属が水酸化物となって沈殿します。これが一般に重金属の沈殿分離法として有用です。

例えば，鉛やカドミウムでは，次のような反応によって沈殿を生じます。OH^-は水酸化ナトリウムなどのアルカリ水溶液が供給する水酸化物イオンです。また，↓の記号は固体になって液相から出てゆくこと（沈殿）を意味します。

$$Pb^{2+} + 2OH^- \rightarrow Pb(OH)_2\downarrow$$

$$Cd^{2+} + 2OH^- \rightarrow Cd(OH)_2\downarrow$$

一般的に書きますと，n 価の陽イオンとなる金属Ｍについては，次のようになります。

$$M^{n+} + nOH^- \rightarrow M(OH)_n\downarrow$$

なぜ，アルカリ側に行きすぎるといけないのか？

ところが，金属の中にはアルカリ領域で再び溶けてしまうものがあります。これでは有害な金属を処理（除去）したことになりませんね。そのような性質を持つ金属を両性金属（あるいは，両性物質）と言います。酸に対してはアルカリとして反応するのですが，強い塩基（アルカリ）に対しては，こんどは自分が酸になって反応するのです。そのため「両性」と言われます。

n 価の陽イオンとなる両性金属Ｍについては，次のような反応が起こります。

$$M(OH)_n + nOH^- \rightarrow MO_n{}^{n-} + nH_2O$$

つまり，水酸化物 $M(OH)_n$ は，むしろ H_nMO_n というような酸として働いているのです。$MO_n{}^{n-}$ という $-n$ 価のイオンになる場合だけとは限りません。H_{n-1}

MO_n^-などとして再溶解することもあります。

鉛の場合では，例えば次のような再溶解をします。

$$Pb(OH)_2 + OH^- \rightarrow HPbO_2^- + H_2O$$

この$HPbO_2^-$は亜鉛（あなまり）酸イオンと呼ばれるものです。亜鉛（あえん）酸イオンではありませんので，混同しないようにしましょう（亜鉛（あえん）も両性金属ですので，その場合は亜鉛（あえん）酸イオン$H_3ZnO_3^-$などとなって再溶解します）。

カドミウムの場合は，次のような反応となります。

$$Cd(OH)_2 + 2OH^- \rightarrow CdO_2^{2-} + 2H_2O$$

このCdO_2^{2-}はカドミウム酸イオンと呼ばれます。

両性金属の仲間には，他にも，銅，すず，アルミニウム，チタン，鉄，コバルト，ベリリウムなどかなり多くの金属があります。しかし，金属によって再溶解するpH領域もかなり異なりますので，影響の程度も異なります。とくに気をつけるべき金属は，鉛（pH＞8で溶解），カドミウム（pH＞12で溶解），銅，亜鉛など，再溶解した場合に大きな問題となりやすい金属でしょう。

鉛やカドミウムにおける水酸化物沈殿法以外の方法

水酸化物沈殿法もpH管理を十分にすれば有用ですが，その他の方法として次のようなものがあることを理解しておいて下さい。

A）その他の難溶性物質生成法

① 共沈法：複数の金属イオンを共存させて沈殿させます。

② 置換法：錯体になっている金属と入れ替えます。

③ 硫黄化合物沈殿法：名前の通りの沈殿法です。

B）フェライト生成磁気分離法

鉄の酸化物と一緒に沈殿させます。

C）イオン交換吸着法

① イオン交換法：陽イオン交換樹脂による除去法です。

② 鉄粉法（ダライコ法）：くず鉄などを入れて析出させます。

Q３ 溶解度積の意味と，その計算について教えて下さい。

A. 溶解度積

難溶性の塩 M_mX_n の飽和溶液についての溶解平衡は次のように表されます。

$$M_mX_n(s) \rightleftarrows mMX^{n+} + nX^{m-}$$

(s) は固体状態であることを示しています。難溶性ですから，固体状態の比率が圧倒的に多いはずです。

この平衡反応に質量作用の法則を適用して平衡定数を K と書きますと，

$$K = \frac{[M^{n+}]^m\ [X^{m-}]^n}{[M_mX_n]}$$

ただし，難溶性の塩の場合は，この式の分母がほぼ一定であるために分子も一定と見てよいのです。それを K_{sp} と書きますと，

$$K_{sp} = [M^{n+}]^m\ [X^{m-}]^n$$

これを**溶解度積**と呼んでいます。この値は化学種に固有のもので，温度，圧力が与えられると一定です。この式の意味は，片方のイオンの濃度がわかれば，もう一方のイオンの濃度が決定されるということで，非常に重宝されよく使われます。

共通イオン効果

難溶性の塩 M_mX_n の金属部分 M^{n+} を沈殿させるために，溶液中の X^{m-} の濃度を高める方法があります。$[M^{n+}]^m$ と $[X^{m-}]^n$ の積が一定なので，別の塩である N_mX_n を加えて X^{m-} の濃度を高めれば，M^{n+} の濃度は減ることになり，結果として，金属部分 M^{n+} がその分だけ沈殿します。この方法を**共通イオン効果**と言って，特定の金属イオンを定量的に沈殿させるために使われます。

よく出る問題

溶解度積の問題はかなり多く出題されます。基礎化学だけでなく，濃度の計

量の科目でも出題されます。基本的には，溶解度と溶解度積の間の換算をできるようにしておくとよいでしょう。次の例題をよく検討してみて下さい。

【問題】 りん酸マグネシウム $Mg_3(PO_4)_2$ の溶解度を Y [mol/L] とする時，りん酸マグネシウムの溶解度積 K_{sp} との関係として正しいものはどれか。

1．$K_{sp} = 6Y^5$[mol/L]^5
2．$K_{sp} = 18Y^5$[mol/L]^5
3．$K_{sp} = 48Y^5$[mol/L]^5
4．$K_{sp} = 108Y^5$[mol/L]^5
5．$K_{sp} = 144Y^5$[mol/L]^5

解説

りん酸マグネシウムは水溶液中で，次のような解離平衡を形成します。

$$Mg_3(PO_4)_2 \rightleftarrows 3Mg^{2+} + 2PO_4^{3-}$$

このような問題では，まずこのような平衡反応式を書いてみることです。

すると，問題がだんだんわかってきます。溶解度積 K_{sp} を求めるのですから，その式も書かなければなりませんね。

$$K_{sp} = [Mg^{2+}]^3\ [PO_4^{3-}]^2$$

左辺のりん酸マグネシウムは固体であって溶けていないのですから，りん酸マグネシウムの溶解度が Y [mol/L] ということは，溶けている部分の右辺のりん酸マグネシウム量（モル濃度）が Y[mol/L] ということです。１モルのりん酸マグネシウムから３モル分の Mg^{2+} と２モル分の PO_4^{3-} が生じるはずですので，Mg^{2+} は $3Y$[mol/L]，PO_4^{3-} は $2Y$[mol/L] が溶けているはずです。

これらを溶解度積の式に代入します。

$$K_{sp} = (3Y)^3(2Y)^2[\text{mol/L}]^5$$
$$= 108Y^5[\text{mol/L}]^5$$

正解　4

Q４ 吸着とはどんな現象ですか？また，吸着を説明する理論について教えて下さい。

A. 吸着とは

吸着とは固体の表面に，原子，分子，微粒子などが着く（付着する）ことです。少し難しく言いますと，「固相と接する気相または液相中の物質が，固相の表面に入り込み固相内部の濃度と異なる濃度で平衡に達する現象」とも言います。逆に，吸着していた物質が表面から離れることは脱着と言います。

吸着する物質（固体）を吸着剤，吸着される物質を吸着質と言います。次のような二種類の吸着があります。

物理吸着：分子間結合の一種であるファン・デル・ワールス力などの比較的弱い結合によって吸着するものを言います。

化学吸着：化学反応によって生ずる共有結合などの強い結合による吸着です。

吸着の現象を説明し，また，数量的に取り扱うために，次のようないくつかの式とその理論が提唱されています。

ヘンリー形吸着等温式

吸着量と濃度が比例する関係の式で，最も単純な形と言えます。吸着量を q，濃度を c としますと，係数を k として，

$$q = kc$$

ラングミュアの吸着等温式

次のような前提で作られた理論です。

・吸着質分子は単分子層（モノレイヤー）で吸着される。
・吸着表面は均一である。
・吸着質分子どうしは，相互作用をしない。
・一つの吸着サイト（箇所）は一つの吸着質分子としか結合しない。

式の形としては，気体の圧力を p，吸着平衡定数を K，固体表面の吸着量を θ（シータ）

としますと，

$$\theta = \frac{Kp}{1 + Kp}$$

BETの吸着等温式

前提条件は，

・一つの吸着サイト(箇所)は一つの吸着質分子と結合し，その吸着質分子が別の吸着質分子(第2層以降)とも結合しうる。

・第2層以降の吸着では吸着熱を放出する。

式の形は，平衡圧力を p，飽和蒸気圧を p_0，定数を C，吸着量を V，完全単分子層に相当する吸着量（第2層以降の吸着がないと仮定した場合）を V_m として，次のようになります。難しい式なので覚えなくて結構です。

$$\frac{V}{V_m} = \frac{Cp/p_0}{\left(1 - \frac{p}{p_0}\right)\left\{1 + (C-1)\frac{p}{p_0}\right\}}$$

フロイントリッヒの吸着等温式

古くから知られている実験式で，化学工学の分野などでは非常によく使用されています。X を吸着された量，m を吸着剤の重量，p を平衡圧力としますと，n および k を定数として，

$$\frac{X}{m} = kp^{1/n}$$

となります。n や k は実験的に求められます。英語読みでフロインドリッヒと書く人もいますが，ドイツ語読みのフロイントリッヒが正しいです。

【問題】　次に示す式の中で，吸着現象を直接表さないものはどれか。

1．ヘンリー形吸着等温式　　2．ラングミュアの吸着等温式

3．BETの吸着等温式　　4．アレニウスの吸着等温式

5．フロイントリッヒの吸着等温式

解説

アレニウスの吸着等温式というものはありませんね。

正解　4

Q５　有害物質特論において，測定方法と対象物質の関係を整理してもらえませんか？

A. 有害物の測定における条件をまとめてみました。まずは，金属関係です。それぞれの測定方法の詳細につきましては，記載されている参考書をご参照下さい。

表７－３　原子吸光法，ICP 分析法および吸光光度法の測定対象物質と条件

対象物質	原子吸光法		ICP 分析法		吸光光度法等
	フレーム式	電気加熱式	発光分析法	質量分析法	
カドミウム	[228.8 nm]		[214.438 nm]	m/z=111, 114	――――
鉛	[283.3 nm]		[220.351 nm]	m/z=206, 207, 208	――――
六価クロム	[357.9 nm]		[206.149 nm]	m/z=52, 53	ジフェニルカルバジド
ひ素	水素化物発生 [193.7 nm]	――――	水素化物発生 [193.696 nm]	m/z=75	ジエチルジチオカルバミン酸銀 [510 nm 赤色]
水銀	[253.7 nm]	――――	――――	m/z=202	――――
アルキル水銀	――――	――――	――――	――――	ガスクロマトグラフィー
セレン	水素化合物発生 [196.0 nm]	――――	水素化合物発生 [196.026 nm]	m/z=78, 80	3, 3′-ジアミノベンジジン [420 nm]
ほう素	――――	――――	[249.773 nm]	m/z=11	メチレンブルー [660 nm 青色] アゾメチンH [410 nm 黄色]

（注）[　] で示す数値は，測定波長を示します。また，質量分析法の m/z は質量対電荷比を示します。

次に非金属関係の測定方法を整理します。有機系有害物質およびベンゼンについては，別にまとめます。

表7－4　非金属関係の測定方法（Ⅰ）

対象項目	吸光光度法と測定波長	その他の分析法
ふっ素化合物	ランタン－アリザリンコンプレキソン吸光光度法［620 nm 青色］	イオン電極法
シアン化合物	ピリジン－ピラゾロン吸光光度法［620 nm 青色］	―――
	4－ピリジンカルボン酸－ピラゾロン吸光光度法［638 nm 青色］	
アンモニア化合物	インドフェノール青吸光光度法［630 nm 青色］	中和滴定法
亜硝酸化合物	ナフチルエチレンジアミン吸光光度法［540 nm 赤色］	イオンクロマトグラフ法
硝酸	―――	イオンクロマトグラフ法
有機りん化合物	ナフチルエチレンジアミン吸光光度法（アベレル－ノリス法）［555 nm 赤紫色］	ガスクロマトグラフ法
	p－ニトロフェノール吸光光度法［400 nm 黄色］	
	モリブデン青吸光光度法（メチルジメトン検定）［630 nm 青色］	
チウラム	―――	高速液体クロマトグラフ法
シマジン	―――	ガスクロマトグラフ法
		ガスクロマトグラフ質量分析法
ポリ塩化ビフェニル	―――	ガスクロマトグラフ法
		ガスクロマトグラフ質量分析法

表７－５　非金属関係の測定方法（Ⅱ）

測定方式＼対象物質	ガスクロマトグラフ分析法（GC）				ガスクロマトグラフ質量分析法（GC-MS）	
	FID 検出		ECD 検出			
	P&T	H&S	H&S	溶媒抽出	P&T	H&S
ジクロロメタン	○	−	○	−	○	○
四塩化炭素	○	−	○	○	○	○
1, 2-ジクロロエタン	○	−	○	−	○	○
1, 1-ジクロロエチレン	○	−	○	−	○	○
cis-1, 2-ジクロロエチレン	○	−	○	−	○	○
1, 1, 1-トリクロロエタン	○	−	○	○	○	○
1, 1, 2-トリクロロエタン	○	−	○	○	○	○
トリクロロエチレン	○	−	○	○	○	○
テトラクロロエチレン	○	−	○	○	○	○
1, 3-ジクロロプロペン	○	−	○	−	○	○
ベンゼン	○	○	−	−	○	○

（記号内容）
P&T：パージ・トラップ型　H&S：ヘッド・スペース型
FID：水素炎イオン化検出器　ECD：電子捕獲検出器

【問題１】　吸光光度法による有害物質の測定方法とその測定波長との関係をまとめた次表において，不適切なものはどれか。

	対象項目	測定方法	測定波長
1	ふっ素化合物	ランタン-アリザリンコンプレキソン吸光光度法	620 nm
2	シアン化合物	ピリジン-ピラゾロン吸光光度法	620 nm
3	アンモニア化合物	インドフェノール青吸光光度法	630 nm
4	亜硝酸化合物	ナフチルエチレンジアミン吸光光度法	540 nm
5	有機りん化合物	モリブデン青吸光光度法	230 nm

解説

測定波長を数値まで細かく覚えることは要求されませんが，おおよその波長について，600～900 nm という青の領域で測定されることが多いのを確認しておいて下さい。その他にも，500 nm 付近の赤紫色や 400 nm 付近の黄色なども用いられますが，硝酸イオンの 220 nm を例外として，可視光でないところは用いられていません。肢 5 の 230 nm を含めて 400 nm 以下の波長は紫外領域であって，可視光ではありません。

有機りん化合物を測定するモリブデン青吸光光度法の測定波長は，630 nm となっています。230 nm は青ではありません。

正解　5

【問題 2】　次に示す有機塩素化合物の中で，*cis*–1, 2–ジクロロエチレンとなるものはどれか。

1．
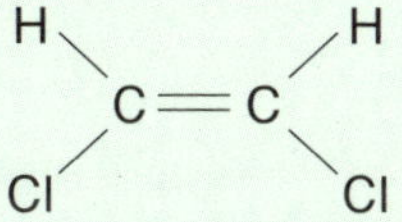

2．
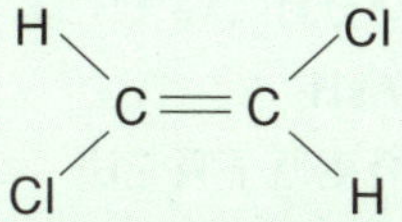

3．
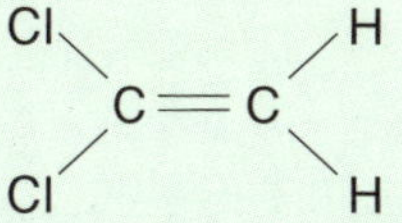

4．
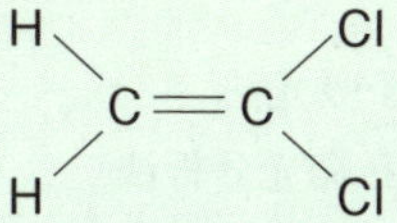

5．
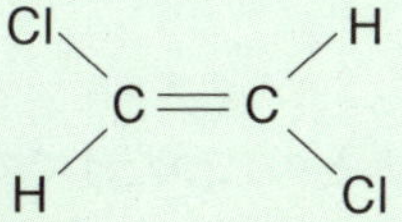

解説

設問の中で，肢 2 と肢 5 とは同じ化合物ですね。名前は *trans*–1, 2–ジクロロエチレンということになります。塩素原子が二重結合をはさんで反対側にありますので，トランスということになります。

また，肢 3 と肢 4 も同じ化合物ですね。これは 1, 1–ジクロロエチレンです。

肢 1 が *cis*–1, 2–ジクロロエチレンです。塩素原子が二重結合をはさまずに結合しています。

正解　1

Q 6 同じような水素との化合物なのに，ひ素の時は水素化物，セレンの時は水素化合物と言い分けるのはなぜですか？

A. 水素化物発生法と水素化合物発生法

たしかに，原子吸光法やICP発光分析法などで，これらの発生法を微妙に使い分けていますね。不思議ですね。

As（ひ素）AsH_3

・水素化物発生原子吸光法

・水素化物発生ICP発光分析法

Se（セレン）H_2Se

・水素化合物発生原子吸光法

・水素化合物発生ICP発光分析法

水素化物と水素化合物

水素化物とは広い意味で使う場合は，水素と他の元素との二つだけでできている化合物（二元化合物）のことを言いますので，当然水素化合物の中に属するものであることは間違いありません。もちろん，「含まれること」と「同じ概念であること」とは別なことですね。しかし，これだけの説明では，ひ素とセレンの違いは十分に説明できませんね。

実は，水素化物という言葉は，より狭い意味で用いられることが多いのですが，それは水素との二元化合物のうち，水素より陽性（金属性）の元素との化合物に対して用いるというものです。つまり，水素が酸化数＋1である時は水素化物と言わずに水素化合物と言います。酸化数がマイナスとなって化合物を作る際に水素化物と呼ぶことになっています。

実例で見てみますと，水H_2Oの酸化数は酸素が－2，水素が＋1ですからこ

れは水素化酸素とは言わずに，酸化水素です。H_2Se もセレンが酸素と同族なので酸化数の事情も同じですから，水素化セレンではなくて，セレン化水素となります。

これに対して，ひ素は水素より金属性が強いので，AsH_3 はひ素が＋３，水素が－１の酸化数を持ちます。そのため，水素化ひ素となります。

このように考えますと，酸化物や塩化物などの言葉の意味がよりわかったような気もしますね。NO は N(＋２)，O(－２）なので，窒化酸素とは言わずに，酸化窒素となるのですね。

【問題】 次に示す化合物の分子式と，（　）内に示した名称との組合せにおいて，誤っているものを選べ。ただし，結合する元素数までは問わないものとする。

１．C_mH_n（炭化水素）　　２．PH_3（りん化水素）
３．NH_3（水素化窒素）　　４．CO（酸化炭素）
５．NCl_3（塩化窒素）

解説

これらはすべて二元化合物になっていますね。従って，２つの元素のうちどちらが酸化数としてプラスになりやすいのか，という点が重要です。マイナスになる側に「化」をつけて呼ぶことになるのです。

肢１は多くの化合物をまとめて表現したものですが，その炭化水素という言葉はよく聞く言葉ですね。C(－４）と H(＋１）から理解できます。

肢２と肢３のりんと窒素は同族（周期表で同じ縦の列にいる元素）ですから，水素との金属性が同じ関係になるだろうと思われますが，表現が異なっていますので，どちらかが怪しいということになります。りんや窒素より水素の方が陽性ですので，ここでは水素は＋１になります。従って，りん化水素が正しくて，水素化窒素は誤りになります。肢３は窒化水素というべきです。一般にはアンモニアと言われますね。

肢４はいわゆる一酸化炭素ですが，この問題では結合の元素数までは問うていませんので，酸化炭素で正しいことになります。肢５も同様です。

正解　3

Q７　液クロやガスクロなどのクロマトグラフィーってどんな原理の機械なのですか？

A. クロマトグラフィー

クロマトとは，語源としては「多彩な」つまり「多色の」という意味です。その反対に「一色の」という意味でモノクロという言葉もありますね。化学分析では，固定相と移動相とからなる測定機器に多くの成分が混じっている液体サンプルを流して，化学的な作用で分配する性質によって各成分を分離する方法を言います。分離と言っても，実際には移動相の中を，時間的に分かれながら流れていく形の分離になります。

もっと平たく言いますと，固定相と接触しながら流れる移動相の中にある成分が，固定相とのなじみやすさ（親和性）の違いによって速く流れたり遅く流れたりすることになります。

クロマトグラフィーの大まかな分類を次表に示します。

表７−６　クロマトグラフィーの分類

移動相	固定相	名　　称	分離の原理
気体	固体	ガスクロマトグラフィー	吸着，分配
液体	シリカゲル薄層（固体）	薄層クロマトグラフィー	吸着，分配
	ろ紙（固体）	ペーパークロマトグラフィー	吸着，分配
	固体カラム	液体クロマトグラフィー（＊）	吸着，分配，イオン交換，サイズ排除

（＊）の液体クロマトグラフィーには，イオンクロマトグラフィー（イオン交換による吸着・分配）やゲル浸透クロマトグラフィー（ゲル・パーミエーション・クロマトグラフィー，高分子物質等を大きさの違いで分離します）を含みます。

クロマトグラム

クロマトグラフィーにおいて検出器（濃度に依存する量を定量的に示す機器）によって描かれる図（チャート）をクロマトグラムと言います。試料を注入してから検出器に到達するまでに要する時間を保持時間と言います。これは成分に対応するものですので，それによって物質の同定を行うことができます。

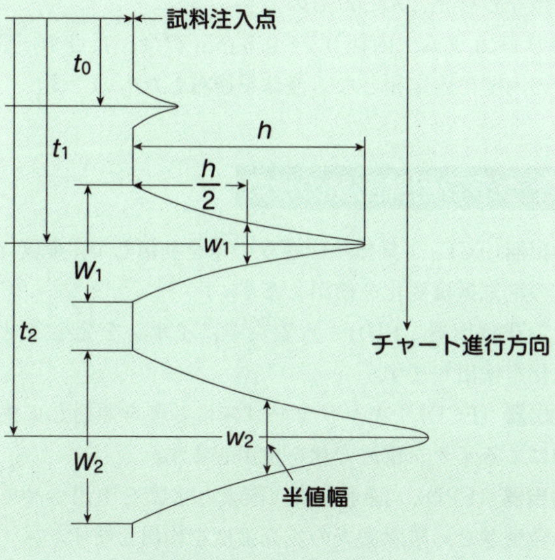

図7−1　クロマトグラム

図の t_0 は，吸着分配に無関係に流路を流れるのに必要な時間で，デッドボリュームに対応する時間とされます。成分1の保持時間が t_1 なら，固定相中にこの成分が時間 t_1-t_0 だけあったことになります。チャートに示された山をピークと呼び，その高さ h とピークの半分の位置の幅 w とが重要で，この w を**半値幅**と呼びます。このピークの面積がその成分の量に比例します。このピークを三角形で近似しますと，その面積は hw となりますね。より正確には，以前はこのチャートを書き出した紙を切り絵のように切って成分ごとの重さを測ったりしていましたが，近年ではコンピュータで面積が求められています。

ガスクロマトグラフ

ガスクロ，あるいはGCと略称されます。移動相（キャリアーガス）として一般に不活性ガスである窒素やヘリウムガスが用いられます。

固定相には，カラム（充てん物）として，次の2種類が用いられることが多いです。

・**充てんカラム（パックドカラム）**：内径3 mm 程度，長さ1～3 m のガラス管あるいはステンレス管に活性炭などの吸着剤や固定相液体を含浸させたけい藻土などを充てんしたものです。

- **キャピラリーカラム**：内径0.2～0.5 mm程度，長さ10～50 mの溶融石英の細管の内壁に固定相となる液体を塗布したものです。

ガスクロマトグラフ用検出器の種類

- **熱伝導度検出器**(TCD)：気体熱伝導度の差を利用して，金属フィラメント・サーミスタの電気抵抗変化を検出します。
- **水素炎イオン化検出器**（FID）：水素炎中にイオンを発生させ，電極間のイオン電流変化を検出します。
- **電子捕獲検出器**（ECD）：キャリヤーガスにβ線を照射して生じた電子の親電子化合物によるイオン電流変化を検出します。
- **炎光光度検出器**（FPD）：酸水素炎（酸素と水素を噴出させて得る炎）中にラジカルを発生させ，酸水素炎の炎光強度を検出します。
- **アルカリ熱イオン検出器**（FTD）：アルカリ金属をイオン化し，イオン電流変化を検出します。

高速液体クロマトグラフィー

基本的に液体クロマトグラフィー(液クロ)のことですが，最近では「高速」という言葉が付けられています。略してHPLCと言います。HPはハイパフォーマンスということです。機械的に高圧をかけた液体によって分析物をカラムに通し，これにより各物質が固定相に留まる時間を短くして，従来より成分間の分離と検出能力（鋭いピークによる高感度）が格段に改善されたことが反映されているようです。

固定相として，充てんカラムが用いられ，その内径によって次のように分類されます。充てん物としては，径が1～20 μm程度の比較的均一な粒子（多孔質シリカゲルをアルキル基等で修飾した物など）が用いられます。

- **充てんカラム**：内径3～12 mm
- **セミミクロカラム**：内径1～3 mm
- **ミクロカラム**：内径1 mm未満

移動相（溶離液）としては混じり合う液体であって，カラムや装置に悪影響を与えない範囲で各種の液体（水，塩類の水溶液，アルコール，アセトニトリル，ジクロロメタンなどの有機溶媒）がその特性によって選定されます。次のような測定の工夫もあります。

・**アイソクラティック法**：一定濃度の溶離液を用いる方法です。

・**グラジエント法**：一定速度で溶離液の濃度を変化させて測定する方法です。

また，極性物質を使う工夫もされます。

・**順相クロマトグラフィー**：

固定相に高極性のもの（例えばシリカゲル）を，移動相に低極性のもの（例えばヘキサン，酢酸エチル，クロロホルムなどの有機溶媒）を用いる方法です。より極性の高い成分ほどより強く固定相と相互作用して溶出が遅くなります。次に述べる逆相法が普及して最近では使用は減っています。

・**逆相クロマトグラフィー**：

固定相に低極性のもの（例えばシリカゲルにアルキル基を共有結合させたもの）を，移動相に高極性のもの（例えば水や塩類の水溶液，アルコール，アセトニトリルなどの有機溶媒）を用いる方法です。より極性の低い成分ほどより強く固定相と相互作用して溶出が遅くなります。また極性の低い物質の割合が多い移動相ほど溶出が早くなります。カラムはシリカゲルに炭素鎖数18のオクタデシル基を結合させた「オクタデシル・シリカ（ODS）カラム」が最も広範に用いられます。

液体クロマトグラフ用検出器の種類

名前の示す通りの検出器ですので，説明は省略します。

- **示唆屈折率検出器**
- **吸光光度検出器**
- **蛍光検出器**
- **電気伝導度検出器**
- **化学発光検出器**
- **電気化学検出器**
- **質量分析計**

Q8　練習のために，有害水質関係の基礎練習問題を出して下さい。

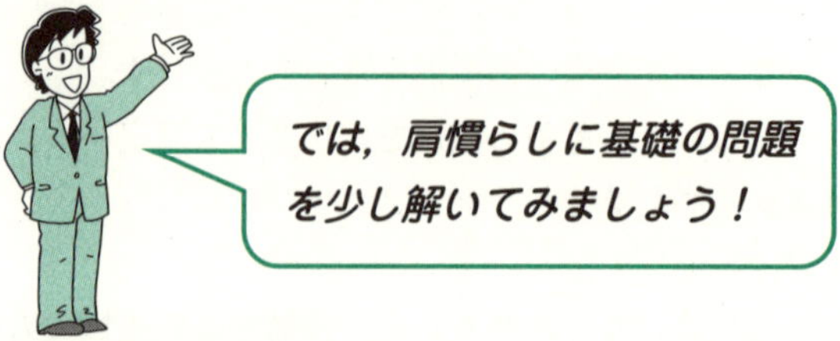
では，肩慣らしに基礎の問題を少し解いてみましょう！

【問題1】 水質汚濁防止法による有害物質の種類とその排水基準の組合せとして，誤っているものは次のうちのどれか。

	有害物質の種類	排水基準（mg/L）
1	カドミウムおよびその化合物	0.1
2	鉛およびその化合物	0.1
3	六価クロム化合物	0.5
4	シアン化合物	1
5	総水銀およびアルキル水銀，その他の水銀化合物	検出されないこと

解説

有害物質の排水基準を全て覚えるのはたいへんですが，とくに設問に挙がっているようなものは重要ですので押さえておきましょう。

水俣病の原因とされているアルキル水銀は，単独項目として「検出されないこと」となっていますが，「総水銀およびアルキル水銀，その他の水銀化合物」という合計値の項目では，合計値として0.005 mg/Lという一定の値が定められています。

正解　5

【問題2】 シアン排水の処理に関する記述として，誤っているものはどれか。

1．有機物とフェノールを含むガス液の処理には，一般に活性汚泥法が使用される。

2．アルカリ塩素法の第一段反応をpH 10以上で行う理由は，中間生成物の塩化シアンの加水分解を促進するためである。

3．第二段反応を中性で行う理由は，シアン酸の分解を促進するためである。
4．アルカリ塩素法で使用される塩素化合物は，安全性，操作性から塩素酸カリウムが一般的である。
5．鉄シアノ錯イオンを過剰の鉄イオンと反応させて難溶性塩を生成する紺青（こんじょう）法では，pHの調整と鉄塩の添加量の制御が重要である。

解説

肢1：正しい記述です。

肢2：一段反応はpH 10以上で塩素を添加しますと，シアンイオンが塩化シアンCNClとなった後に加水分解に水酸イオンOH^-が必要となります。それは加水分解の促進のためですので，正しい記述です。

肢3：二段反応をpH 7～8で行うのは，次のようなシアン酸の分解がアルカリ性では遅く，中性では速くなるからです。正しい記述です。

$$2\,NaCNO + 3\,NaOCl + H_2O \rightarrow N_2 + 3\,NaCl + 2\,NaHCO_3$$

肢4：次亜塩素酸ナトリウムNaOClが用いられます。塩素酸カリウムは爆発性があって水に難溶性で用いられません。塩素も用いられますが，次亜塩素酸ナトリウムが一般的に取扱いが容易です。誤りの記述です。

肢5：鉄シアノ錯イオンは安定度が高く，シアンの酸化分解が困難です。そのため鉄シアノ錯イオンを，鉄イオン等の陽イオン添加で荷電を中和して難溶性塩を形成し，沈殿分離する方法が紺青法です。pHの調整と最適の鉄塩の添加が鉄塩紺青法の制御条件となります。正しい文章となっています。

正解　4

【問題3】 次のような重金属イオンの水酸化物生成反応において，

$$M^{n+} + nOH^- \rightleftarrows M(OH)_n$$

一般に次の式が成立する。

$$[M^{n+}][OH^-]^n = K_{sp}$$

ここに，［　］は各イオンのモル濃度，K_{sp}は溶解度積である。このとき，金属イオン濃度とpHの関係式として，正しいものはどれか。ただし，kは定数とする。

1．$\log[M^{n+}] = k - n \cdot pH$
2．$\log[M^{n+}] = k + n \cdot pH$

3．$\log[\mathrm{M}^{n+}] = \dfrac{k}{n \cdot \mathrm{pH}}$

4．$\log[\mathrm{M}^{n+}] = \dfrac{n \cdot \mathrm{pH}}{k}$

5．$\log[\mathrm{M}^{n+}] = k \cdot n \cdot \mathrm{pH}$

解説

水の解離定数を K_w と書きますと，

$$K_w = [\mathrm{H}^+][\mathrm{OH}^-] = 10^{-14}$$

この両辺の対数を取って，

$$\log[\mathrm{H}^+] + \log[\mathrm{OH}^-] = -14$$

$$\log[\mathrm{OH}^-] = -14 - \log[\mathrm{H}^+]$$

$$= -14 + \mathrm{pH} \quad (\because \text{（なぜなら）} \ \mathrm{pH} = -\log[\mathrm{H}^+])$$

また，$[\mathrm{M}^{n+}][\mathrm{OH}^-]^n = K_{sp}$ ですので，この対数も取りますと，

$$\log[\mathrm{M}^{n+}] + n \cdot \log[\mathrm{OH}^-] = \log K_{sp}$$

$$\therefore \quad \log[\mathrm{M}^{n+}] = \log K_{sp} - n \cdot \log[\mathrm{OH}^-]$$

$$= \log K_{sp} - n \cdot (-14 + \mathrm{pH})$$

$$= \log K_{sp} + 14n - n \cdot \mathrm{pH}$$

ここで，

$$k = \log K_{sp} + 14n$$

と置けばこの k は水酸化物ごとの定数となって，最終的に次のようになります。

$$\log[\mathrm{M}^{n+}] = k - n \cdot \mathrm{pH}$$

正解　1

【問題4】　水銀を特異的に吸着する市販キレート樹脂が持っている配位基ではないものはどれか。

1．チオカルバジド酸形　　2．イソチオ尿素形

3．ジチゾン形　　4．チオ尿素形

5．*N*-メチルグルカミン形

解説

肢5の *N*-メチルグルカミン形のキレート樹脂は，ほう素の選択吸着に用いられます。

肢1～肢4までは，水銀を特異的に吸着します。水銀キレート樹脂には，高

分子基体上に吸着基として次のような構造を持つものがあります。

- チオール形　　　　　　－SH
- チオカルバジド酸形　　－NHC－SH
　　　　　　　　　　　　　∥
　　　　　　　　　　　　　S

- イソチオ尿素形　　　　－CH₂SC＝NH
　　　　　　　　　　　　　　　│
　　　　　　　　　　　　　　　NH₂

- ジチゾン形　　　　　　－NH－NH
　　　　　　　　　　　　　　　│
　　　　　　　　　　　　　　　C＝S
　　　　　　　　　　　　　　　│
　　　　　　　　　　　　－N＝N

- チオ尿素形　　　　　　－NH－C－NH₂
　　　　　　　　　　　　　　　∥
　　　　　　　　　　　　　　　S

第7編　水質有害物質特論

正解　5

【問題5】　検定項目と試料容器，試料の保存方法の組合せとして，誤っているものは次のうちどれか。

	検定項目	試料容器	試料の保存方法
1	ふっ素化合物	プラスチック容器	とくに条件はなし
2	シアン化合物	プラスチック容器，またはガラス容器	水酸化ナトリウムでpH約12（残留塩素を含む時はアスコルビン酸で還元後水酸化ナトリウムを添加）
3	有機りん化合物	ガラス容器	塩酸で弱酸性
4	ベンゼン	ガラス容器	4℃以下の暗所（凍結させないこと）
5	クロム（Ⅵ）	プラスチック容器	水酸化ナトリウムで弱アルカリ性

解説

　試料の採取法も，汚水処理技術と合わせて押さえておきましょう。

　肢5の六価クロムは，ガラス容器で採取します。また，保存方法もpHは中性で10℃以下の暗所に保存します。

正解　5

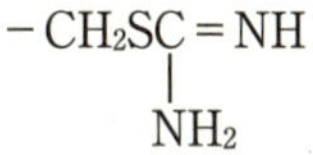

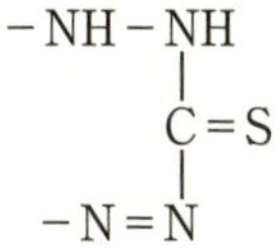

【問題６】　排水のふっ素含有量のランタン-アリザリンコンプレキソン法による検定に関する記述として，正しいものはどれか。

1．採取した試料に，直ちに塩酸を加えて pH を４として保存する。
2．塩素を含む試料には，亜硫酸ナトリウムを加えて塩素を除去する。
3．硝酸イオン，硫酸イオンを含む試料には，過塩素酸を加えて約 100℃ で水蒸気蒸溜する。
4．蒸溜の際には二酸化けい素を加え，ふっ素分の留出を容易にする。
5．ランタン-アリザリンコンプレキソン溶液を加えて得られる黄色の発色液の吸光度を測定する。

解説

ランタン-アリザリンコンプレキソン吸光光度法は，ふっ化物イオンにランタンアリザリンコンプレキソン錯体を反応させて，生じる青色の複合錯体の波長 620 nm の吸光度を測定してふっ化物イオンを定量するものです。

肢１：ふっ素化合物の水中での形態は，複雑でイオン状のほか金属ふっ化物及び金属元素とフルオロ錯体を形成します。採取した試料は直ちに検定を実施すべきですが，保存する場合は何も添加しません。pH が４の強塩酸を加えますと，試料は分解しふっ化水素を生じます。従って，正確な検定はできません。

肢２：蒸留操作（前処理）で試料中の塩素は除かれるので，亜硫酸ナトリウムは加えません。

肢３：この方法は，陰イオン（NO_3^-，SO_4^{2-}）の影響は少ないですが，陽イオン（Al，Cd，Co，Fe，Ni，Be，Pb）の影響が大きく，測定を妨害します。このため蒸留操作を行い過塩素酸，りん酸を加えて強い酸性とし温度約 146℃ で蒸留して，ふっ化物イオンを分離します。

肢４：蒸留の際に二酸化けい素を加えるのは，ふっ素化合物であるヘキサフルオロけい酸の留出を促進するためです。二酸化けい素は，結晶質のものを用います。

肢５：ランタン-アリザリンコンプレキソン吸光光度法は，波長 620 nm の青色の吸光度を測定してふっ化物イオンを定量します。

正解　４

第8編

大規模水質特論

どのような問題が出題されているのでしょう！

（出題問題数　10問）

1）ほぼ毎年出題されているものとして，次のような内容が挙げられます。

- ・生態系モデル　1～3題
- ・水の再利用　1～2題
- ・製紙工業関係　1題
- ・閉鎖性水域　1題
- ・製鉄所関係　1題
- ・食品工場関係　1題

2）毎年ではなくても，それに準じて出題されているものとしては，次のようなものがあります。

- ・製油所関係
- ・流体力学モデル
- ・COD
- ・エスチャリー
- ・溶存酸素
- ・冷却塔システム

Q1　水質予測のためのモデルに流体力学的モデルと生態学的モデルがあるようですが，それらについて教えて下さい。

A. 水質予測のためのモデル

閉鎖性内湾などにおけるCODなどの水質が位置的にどのように変化しているかという濃度分布の推定や，今後どのように変化するかという予測が重要ですので，そのために現実を表しうるモデルが検討されていますが，まだ十分なモデルには至っていません。しかし，その努力が続けられています。

従来のモデルとして次のような① 完全な物理拡散モデルが用いられていましたが，近年では② 流体力学的モデルおよび③ 生態学的モデルが検討されています。

1）完全な物理拡散モデル

CODが保存される（対象水域での生成・消滅はない）という前提の上に，拡散方程式（入口や出口の条件を与えて数学的に濃度分布を計算する手段）を基礎として作成されていました。そして，河川からの流入量や湾の出口の濃度を与えて計算します。海水交換が十分で低汚染の海域ではこの方法でかなり現実を表す計算ができていました。しかし，富栄養化の進んだ閉鎖性水域では合わないことも多くなっていました。

海水交換が不十分で富栄養化が進んだ海域では，植物性プランクトンによるCOD生産が無視できないことがわかっていますし，加えて魚類の影響も含むことなどが求められています。

2）流体力学的モデル

水理学など水の流れを扱う学問を基礎に，①の完全な物理拡散モデルが改善されています。エスチャリー内の物理的な水質の挙動が，エスチャリー循環，潮流，吹送流などで決められ，河川流量，塩分濃度や水温の分布，風の条件，地形条件，日射量，気温，湿度などを与えることによって，流れの状態が数値モデルにより計算できます。ただし，このモデルでは生物の挙動に関する条件が入っていませんので，現実を表すのにまだ限界があります。

3）生態学的モデル（生態系モデル）

生態系を構成する要素を含むモデルになっています。系内の炭素や窒素，りんなどの元素を変数として方程式を作り，水の出入りや流れ・拡散を考慮し，また生物的あるいは化学的過程によって生成・消滅する現象を考慮したモデルとなっています。しかし，魚類の挙動による影響は組み入れられてはいません。

a）考慮される生態系の媒体

- 動物性プランクトン（水中浮遊微生物）
- 植物性プランクトン
- ベントス（水底に生息する生物）
- デトリタス（生物の死骸やその分解物，排泄物が水中に混濁，または沈積してできる有機性の堆積物や浮泥）

b）考慮される変量

- COD（化学的酸素消費量）
- DO（溶存酸素）
- POC（粒子状有機炭素）
- DOC（溶存有機炭素）
- りん分（りん酸態）
- 窒素分（アンモニア態，亜硝酸態，硝酸態）
- 河川流量
- 流入負荷量

Q 2 大規模水質特論で，L–Q 解析とか L–Q 曲線というものが出てきますが，何のことか教えて下さい。

A. L–Q 解析とは

L–Q という表現があまり見慣れないものと思われるかもしれませんね。L と Q の関係を解析することを意味する言い方です。

L は，河川で河口に向かって流れてくる汚濁負荷量で，具体的には，粒子状有機炭素（POC），溶存有機炭素（DOC），りん酸イオン，アンモニアや硝酸・亜硝酸態のイオンなど，河川の下流域やエスチャリー，海域などに影響する栄養因子を対象としています。

また，Q は河川を流れる水量です。つまり，河川の水量が変化した場合に上に挙げましたそれぞれの栄養負荷量がどのように変わるのかを

$$L = aQ^b$$

という数式にしてみようというものです。a や b は，実際の測定データに基づいて求められる定数で，河川や汚濁負荷ごとに異なる値となります。測定データをもっとも忠実に表すように a や b が計算されることになります。

この数式は，かなり単純なものであり，多くの要素をコンパクトな形で表現するには，近似式ではありますが，かなり扱いやすいものであるため，よく用いられます。この式の精度，つまり，どのくらい実際を表しているのかという指標として，式ごとに相関係数も同時に求めて付記することになっています。相関係数が１に近いほど，実際をよく表している式になっているということです。データの数にもよりますが，実際には相関係数が 0.5 程度でも実用的には十分に合っていると言えます。

【問題】 河川において流下する汚濁負荷量の解析方法である L–Q 解析は，一般に次のような式の形として用いられる。

$$L = aQ^b$$

これについて，以下の文章より誤った記述を選べ。ここに，L は河川で流下する汚濁負荷量，Q は河川の水量とする。

1．一般に $a>0$ である。
2．一般に $b>0$ である。
3．a は河川によらず一定の値をとる定数である。
4．b は一般に河川ごとに異なる数字となる。
5．b は一般に対象となる汚濁負荷量ごとに異なる数字となる。

解説

肢1：$a>0$ ということは，汚濁負荷量がマイナスにならないということです。一般に汚濁分が流れるわけですから，マイナスになることはおかしいですね。正しい記述です。

肢2：仮に $b<0$ としますと，$b=-1$ の時には次のような式になります。

$$L=aQ^{-1}=\frac{a}{Q}$$

これは，Q が増えたときに L が減ることを意味します。川の水が増えたときに汚濁負荷が減るというのは普通にはおかしいですね。通常は $b>0$ であるべきです。$b=1$ のとき，L と Q とが比例関係にあることになりますね。

肢3：a や b は一般に河川によって異なる値をとります。「一般に」ということは，たまたま一致する場合が例外的にあるかもしれませんが，「普通は異なる」ということを意味しています。設問は誤りです。

肢4および肢5ともに設問の通りですね。

正解　3

Q３ ミカエリス・メンテンの式の意味を教えて下さい。

A. ミカエリス・メンテンの式とは？

ミカエリス・メンテンの式とは，次のような形をした式です。もともと，酵素の反応速度式です。微生物が栄養をもらって増殖する速度と考えていただいて結構です。酵素が基質（酵素によって化学反応が促進される物質ですが，単に原料物質と考えていただいて結構です）と結合して反応を促進する過程において，基質濃度を［S］としますと，反応速度 V は，最大反応速度 V_{max} を用いて，次のように書かれます。K_m はミカエリス・メンテン定数と呼ばれる定数です。

$$V = \frac{V_{max}[S]}{K_m + [S]}$$

この式をみますと，基質がない時，つまり濃度がゼロの時（［S］＝0），反応速度も $V = 0$ となり，酵素が働かなくなります。微生物の増殖の場合ですと，増殖しない場合となります。また，基質が無限大になった時，$V = V_{max}$ となって最大増殖速度になります。

そのような場合の酵素による反応速度を単純でありながら，かなり現実を的確に表す式としてよく用いられているものです。

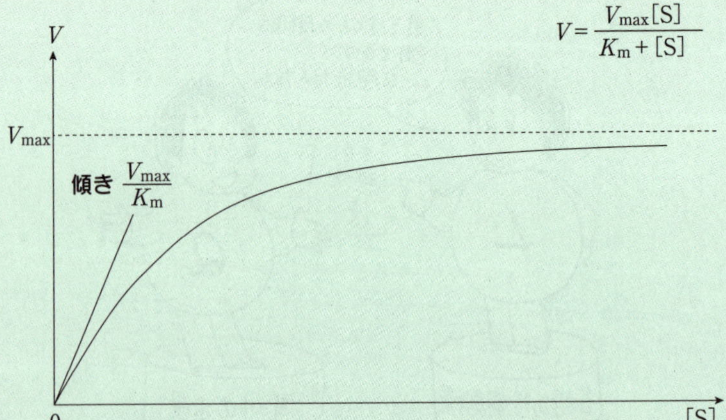

図８−１　ミカエリス・メンテンの式のグラフ

ミカエリス・メンテンの式のグラフ

ミカエリス・メンテンの式をグラフにしてみますと，図8−1のようになり，その原点（[S]＝0）における傾きは$\frac{V_{\mathrm{max}}}{K_{\mathrm{m}}}$になります。この傾きの求め方は微分法によりますので，以下に書いてみますが，必ずしもフォローされなくて結構です。まず，計算の便宜のために次のように変形します。

$$V=\frac{V_{\mathrm{max}}[\mathrm{S}]}{K_{\mathrm{m}}+[\mathrm{S}]}=V_{\mathrm{max}}-\frac{V_{\mathrm{max}}K_{\mathrm{m}}}{K_{\mathrm{m}}+[\mathrm{S}]}$$

この式において，Vを［S］で微分しますと，

$$\frac{dV}{d[\mathrm{S}]}=\frac{V_{\mathrm{max}}K_{\mathrm{m}}}{(K_{\mathrm{m}}+[\mathrm{S}])^2}$$

これで微分できましたので，[S]＝0を代入すれば，原点での傾きが求まります。先に書きましたように，$\frac{V_{\mathrm{max}}}{K_{\mathrm{m}}}$となります。

ミカエリス・メンテン定数の物理的意味は？

ミカエリス・メンテン定数と言われるK_{m}は，最大速度の半分の速度を与える基質濃度に当たります。それは，$[\mathrm{S}]=K_{\mathrm{m}}$をミカエリス・メンテンの式に代入してみるとわかります。次のようになることがおわかりと思います。

$$V=\frac{V_{\mathrm{max}}}{2}$$

Q4 水使用計画と再利用計画について，その概要を教えて下さい。

A. 水使用の合理化とは？

水使用の合理化とは，つまり早い話が「節水」です。次のような2つに分類することがあります。

① 狭義の節水　無駄や過剰な水の使用を見直すことです。

② 広義の節水　狭義の節水に加えて，排水の再利用による節水をも含みます。

狭義の節水の分類

狭義の節水をさらに分類しますと，次のようになります。

1）用水管理

使用量を把握して日常管理によってこまめに節水します。ある目的に対して水の限界所要量を知ることは，難しい場合が多いものです。一般に設計は余裕をもってなされておりますし，冷却水の場合は水温や熱交換器の使用年数によっても異なってきます。実験的に限界量を決めることも製品の品質に直接関わる場合には難しい場合も多いのですが，可能な範囲で基準量を把握してこまめに管理を実施することが重要です。

2）節水型機器の利用

a）自動給水型

必要な場合だけ機械的に給水し，それ以外は給水を停止します。小便器自動洗浄や自動手洗い器などがその例です。

b）向流多段洗浄方式

洗浄対象物と洗浄水を向流多段方式（向かい合って流れるスタイルで，複数回の洗浄を行う方式）にすることで，全体の用水使用量が減らせます。食品用ビン類の洗浄や鉄鋼製品の仕上げなどで行われています。

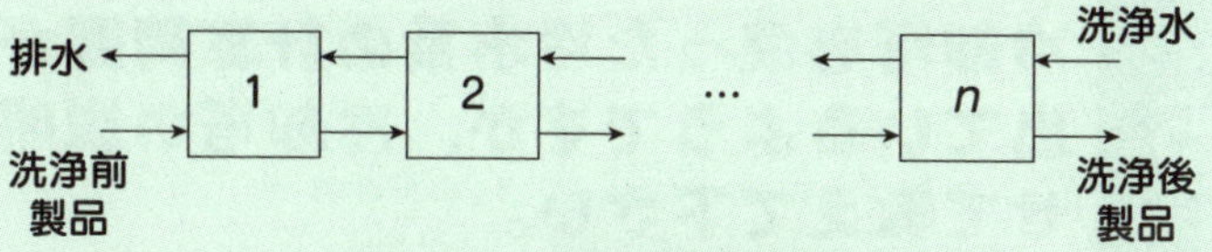

図 8－2　向流多段洗浄方式

c）局部的循環使用

特に再生処理しないで，機器内部において循環使用する場合です。食器洗浄器などで行われています。

d）高圧洗浄方式

水圧を上げたスプレー方式の洗浄によって水量を減らしても，大きな洗浄効果が得られます。工場における熱交換器やその他の機器の定期洗浄などで用いられます。

再利用節水の分類

1）カスケード利用

カスケードとは連続する小さな滝の意で，使用した水を順次別な用途に使用することです。水質汚染（濃度，温度）の程度と水量が次の工程で許容できれば可能です。汚染程度の小さい冷却水などでよく行われます。

2）狭域循環利用

大きな再生処理をせずに循環使用する場合で，通常の空調機のように冷却塔を経由して水温を下げて再び用いるようなケースです。汚染がゼロでもありませんので，通常は一部の水を抜き取るブローという操作が行われます。

3）再生利用

ある工程の排水を処理して再利用します。近年の処理技術の進歩は大きく，たいていの水の再生は可能ですが，最終的には経済的な判断の上で，利用するかしないかが決められます。この再生利用は，更に次のように分類されます。

a）局部的再生利用：工場内の一部で再生利用するケースです。

b）工場単位再生利用：工場内で各工程排水を集合処理して再利用します。

c）地域的再生利用：複数の工場群で，排水を集合処理して再利用します。

Q５　冷却塔を使った冷水系の計算問題がよく出ているようですが，冷却塔の説明も併せて教えて下さい。

A. 冷却塔とは？

冷却塔とは，冷却水を循環使用するシステムの基本装置で，工程で使った冷却水は温度が上がっていますから，これをもとの水温に戻して（冷やして）再度工程に送る仕事をするものです。通常は，工程の冷却を間接接触によって行いますので，冷却水は工程で使われても温度が変化するだけで汚れたりしません。次の図でシステムの構成をご覧下さい。

冷却塔は，基本的に周囲の空気を取り込んで，その中に水分を蒸発させる際の気化熱を奪わせることで水を冷却します。蒸発した水分は空気とともに装置の最上部にあるファンで上方に送り出されます。

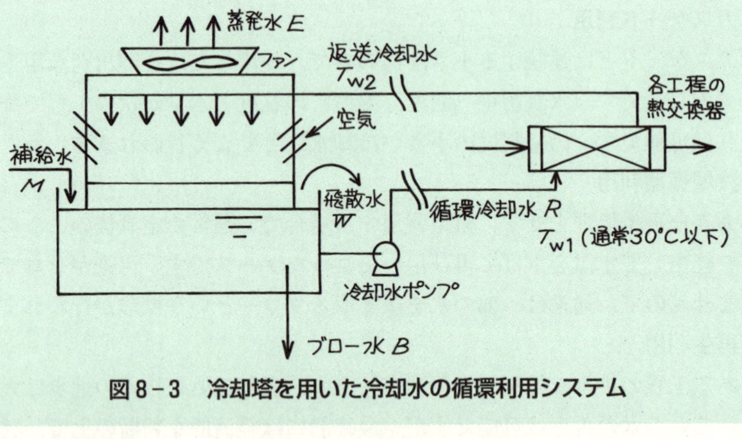

図８－３　冷却塔を用いた冷却水の循環利用システム

ここで，図の中にあるような水量および温度を次のような変量記号で表します。

R：循環水量［m^3/h］（各工程に送られる水量です）

B：ブロー水量［m^3/h］（排水として系外に出される測定可能な分）

E：蒸発水量［m^3/h］（冷却塔において蒸発する水）

M：補給水量［m^3/h］（冷却塔の液面を一定にするために補給します。）

W：飛散水量［m^3/h］（循環系で失われる液状の水です。冷却塔から洩れる水も，工程で洩れる水も含めて考えます。）

T_{w1}：冷却塔から各冷却工程に送り出される水の水温［℃］

T_{w2}：冷却塔に戻る冷却水の水温［℃］（各工程からの水が集合した水の温度です。）

補給水量 M は，冷却塔の貯水量を一定にするように補給されますので，次式のように決まります。

$$M = E + B + W$$

冷却塔の濃縮倍数

冷却塔では水分が蒸発しますので，蒸発しなかった水分はある程度濃縮され，その分だけ溶解しているイオンなど（溶解塩類）の濃度も濃くなります。循環水が補給水の何倍に濃縮されているかを示す指標が濃縮倍数です。濃縮倍数を N，循環水中塩類濃度を C_R，補給水中のそれを C_M としますと，次のような関係になります。

$$N = \frac{C_R}{C_M}$$

定常運転状態では，系に入る塩類と出る塩類が等しいので，次式が成立します。蒸発水分は塩類を持ち出しませんので，蒸発量 E はこの式の中に入ってきません。

$$MC_M = (B + W)C_R$$

これらの式から，次のようになります。

$$N = \frac{M}{B + W} = \frac{E + B + W}{B + W} = 1 + \frac{E}{B + W}$$

ここで，E と W は通常は一定ですので，B を調整することで濃縮倍数を管理します。

ブロー量を減らす場合の影響は次のようになります。

① 補給水量は少なくてすみます。

② 濃縮倍数が上昇します。

③ 溶解塩類等の濃度が上昇します。

この③の影響は大きなものがありますので管理を十分にする必要があります。すなわち，腐食やスケールの付着，あるいは微生物の増殖によるスライムの発生などが起きやすくなり，その結果，工程の熱交換器の伝熱の悪化や配管系の閉塞などの影響が出る可能性があります。

ここでいうスケールとは，主に炭酸カルシウムやケイ酸塩などの固着物質のことで，また，スライムとは，一般に泥状・粘液状のぬるぬるとしたものを指す言葉ですが，ここでは主に生物系のものが問題となります。

冷却塔の熱量収支

冷却塔における熱の収支を考えてみます。定常状態において，補給水温の影響を小さいとし，冷却塔で蒸発する水分の潜熱量と各工程の熱交換器で受け取る全熱量を等しいとみますと，次の式が成り立ちます。水の密度は両辺にかかっていますので，約分しています。

$$RC_p \Delta T = E\lambda$$

ここに，$\Delta T = T_{w2} - T_{w1}$，$C_p$ は水の定圧比熱，λは水の蒸発潜熱です。水温が40℃の時 C_p＝4.18［kJ/(kg･℃)］，λ＝2,420［kJ/kg］ですので，これを代入して整理しますと，

$$E = \frac{R\Delta T}{580} \qquad [\mathrm{m^3/h}]$$

この結果によりますと，ΔT＝5.8の時 $E＝R/100$ となります。つまり，温度の約6℃の低下が循環水量1％の蒸発に対応することがわかります。

【問題1】　ある冷却塔において，冷却水の送液水量が R，冷却水の送液温度と返送温度との差が ΔT とする時，冷却塔の蒸発水量が経験的に次式で与えられることがわかっているという。

$$600E = R\,\Delta T$$

この式によると，冷却水の送液水量が600 m³/h，冷却水の送液温度と返送温度との差が10℃の時に冷却塔の蒸発水量はどの程度と見積もられるか。

1．2 $\mathrm{m^3/h}$　　2．4 $\mathrm{m^3/h}$　　3．6 $\mathrm{m^3/h}$
4．8 $\mathrm{m^3/h}$　　5．10 $\mathrm{m^3/h}$

解説

与えられた式をそのまま使う問題ですね。ΔT＝10℃というのですから，

$$E = \frac{600 \times 10}{600} = 10\ \mathrm{m^3/h}$$

正解　5

【問題２】　ある冷却塔システムにおいて，循環水量が 800 m^3/h，蒸発量が 200 m^3/日，飛散量が 80 m^3/日であることがわかっている。いまブロー量をどれだけにすれば濃縮倍率を２倍に保持することができるか。

1．60 m^3/日
2．80 m^3/日
3．100 m^3/日
4．120 m^3/日
5．140 m^3/日

解説

濃縮倍率を与える式は，次のようになります。

$$濃縮倍率 = \frac{蒸発量 + 飛散量 + ブロー量}{飛散量 + ブロー量}$$

この式に与えられた数値を代入し，ブロー量を B としますと，

$$2 = \frac{200 + 80 + B}{80 + B}$$

$$\therefore \quad B = 120 [m^3/日]$$

従って，補給水量は 200＋80＋120＝400［m^3/日］となります。

正解　4

Q6　大規模水質特論の立場から，鉄鋼業について，その概略を教えて下さい。

A. 鉄鋼業とは？

鉄鋼業は，文字通り鉄鋼を作る業界のことですね。人類は鉄器時代から，鉄鉱石（酸化鉄）を還元して金属鉄を作ってきました。その製鉄業では，大量の工業用水を使いますので，歴史的に節水の努力が営々となされてきています。また，排水処理についても努力が傾注されてきました。

製鉄所における用水使用と排水の状況

製鉄所での用水は総量として年に約50億 m^3 が使われています。用水原単位（製品1t（トン）当たりの使用量）は，100～150 m^3/t（うち，淡水50～80 m^3/t）となっています。工業用水の循環率は，93～94％まで上がってきています。間接冷却水は，フィルターろ過が中心です。

主要工程の排水については次のようになっています。

表8－1　鉄鋼業における排水の種類と処理対象項目

排水の種類	主たる処理対象項目
多くの工程排水	SS（懸濁物質）
冷延含油排水	油分
排出安水（アンモニア水）	COD
酸洗いアルカリ洗浄排水	酸，鉄イオン，クロムイオン
メッキ排水	酸，鉄イオン，クロムイオン

プロセスごとの排水と水処理技術

1）コークス炉

コークスを作るコークス炉において，石炭を高温還元雰囲気で乾留し石炭重量の約70％をコークスとします。炉頂部で排ガスがアンモニア水溶液（安水）にフラッシング（水をどっと流すこと）して急冷され，凝縮成分（油分）

が安水に回収されます。これが，デカンター（比重差で分離する装置）で油分（タール，軽油）と安水に分離され，安水はストリッパー（蒸留装置）でアンモニアを回収，シアンを低減して排水処理工程（主に活性汚泥法）に回されます。

２）熱間圧延工程

圧延とは，金属材料を回転するロールの間に通し塑性変形を行って金属製品を作る工程で，熱間圧延，冷間圧延，温間圧延があります。熱間圧延とは，金属を再結晶温度以上に加熱して行う圧延です。

ここでは，直接冷却水と間接冷却水とを個別に処理し，再循環などを行います。最近では，より個別に工程ごとに再循環をしているケースが増えています。

直接冷却水は，粒度の粗い固形分（スケール）はスケールピット（スケールの沈殿槽）で沈殿，粒度の小さいものはより精密な沈殿槽と，ろ過工程で処理されます。油分（主にノルマルヘキサン抽出物質）もこの処理法の中で分離されます。

３）冷間圧延工程

冷間圧延は，再結晶温度以下の温度で行う圧延で，次のような排水が出ます。

・酸洗い工程の廃酸（塩酸，あるいは硫酸）
・水洗排水（鉄固形分 40～50 mg/L，pH２～３）
・ヒューム（通常１μm 以下の固体粒子）の排気洗浄排水
・電解排水（油分 70～150 mg/L，pH 10～13）

４）表面処理工程

a）すずメッキ排水（SS，油分，Cr^{6+}，工程により pH２～７か pH 10～13 の排水）

b）亜鉛メッキ
・電解脱脂工程排水（油脂分，酸化鉄の SS，界面活性剤を含む濃厚アルカリ廃液）
・酸洗工程排水（濃厚酸液，または水洗排水で，Fe^{2+}，SS 油脂分などを含みます。）
・亜鉛メッキ工程排水（Zn^{2+}，Fe^{2+}，亜鉛–鉄反応物の SS が主です）
・クロメート処理工程排水（Cr^{6+}，亜鉛を主体とする SS，酸成分）

Q７ アンモニア・ストリッパーという用語が出てきますが，ストリッパーの意味を教えて下さい。また，コークスや安水とはどんなものですか？

A. アンモニア・ストリッパーとは

ストリッパーとは，少しびっくりされる言葉かもしれませんが，英和辞典を引きますと，「皮むき器，脱穀機，壁紙はぎ機，除毛ぐし，剥離(はくり)剤」のように書かれています。つまり，「建物の外壁をはがす」，「場所を空にする」，「（木などの）皮をむく」，「（船などから，装備・備品を）取り除く」，「（車の）スピードが出せるよう不要な装備を取る」，「（タバコの）葉を茎から分ける」，「（ねじなどの）ねじ山をすり減らす」，「（鋳塊から）鋳型を取り外す」，「（牛から）乳を絞りきる」，「（犬の）古い毛を刈り取る」，「イオンビームを構成するイオンから電子を剥ぎ取る」，「（繊維を）色抜きにする」，「導線から被覆を剥がす」等々かなり多くの分野で，「はがす」ことや「取り去る」ことに使われる言葉のようです。

従って，アンモニアを含む排水などから（主に蒸留法などによって），アンモニアを取り去る機械をアンモニア・ストリッパーと呼ぶようです。

アンモニア（NH_3）の沸点は－33℃とかなり低いので，アンモニア水に熱を加えますと容易に気体になって水から追い出されます。ただし，アンモニアイオン（NH_4^+）になっていると蒸発しにくいので，pHは酸性側にならないようにします。

安水とは

安水とは，製鉄業において，コークスを製造するコークス炉から出てくるガスを精製する過程で出てくる水のことで，石炭中の水分を主体とし，水溶性のフェノール，アンモニア塩などが溶け込んだ淡黄色の水溶液のことです。アンモニアが多い水なので，アンモニア水を略して安水と呼ばれています。

コークスは，石炭を乾留（蒸し焼き）することで石炭から硫黄，コールタール，ピッチなどの成分が抜けて，燃焼時の発熱量が高く，高温を得ることのできる燃料にできます。そのため，鉄鋼業や（最近はあまり走っていませんが）蒸気機関車などを中心に重厚長大産業には欠かせない燃料となっています。外見は石炭に似ていますが，多孔質である（小さな孔がたくさんある）ため金属光沢は石炭に比して弱い傾向にあります。多孔質の状態は，乾留（1,300℃以上）の際に石炭中の揮発分が抜けてできるもので，結果的に炭素の純度が高まり高温度の燃焼を可能としています。

また，石炭の乾留時に可燃性のコークス炉ガスが得られ，かつては都市ガスの主成分となっていましたが，天然ガスの普及に伴って現在ではコークス炉ガスは都市ガスには用いられなくなっています。また，石炭の乾留において，硫黄やベンゼンなど多くの化学製品の原料となるコールタールが，副生物（副産品）として生じます。

【問題】 次のもののうち，一般にコークス炉から出てこない物質はどれか。

1．コールタール
2．硫黄化合物
3．水銀化合物
4．アンモニア
5．フェノール

解説

石炭が原料になっており，重金属は通常含まれていません。よって，水銀は一般にコークス炉からは出てきません。その他のものはコークス炉から出てきます。

正解 3

Q８　大規模水質特論の立場から，製油所について，その概略を教えて下さい。

A. 製油所とは？

製油所とは，石油化学工業の根幹をなすもので，石油精製業の大規模工場あるいはコンビナートのことを言います。産地から移送された原油を，それぞれの成分に分離したり，それを反応させたりして使いやすい石油製品（各種石油化学工業の原料となります）にする仕事をしています。やはり，ここでも大量の工業用水を使いますので，節水の努力と排水処理の努力がなされてきました。

製油所における用水使用と排水の状況

原油を石油製品にするためのフロー（流れ）は次の図のようになっています。原油を大気圧（常圧）の沸点で分離する蒸留塔である常圧蒸留装置で，ガス，ナフサ，灯油，軽油，重質軽油，そして，残りを常圧残油とします。常圧残油はさらに真空下の蒸留装置（減圧蒸留装置）で，減圧軽油，潤滑油，減圧残油，アスファルトなどに分けられます。これらの分離された成分を留分と言います。

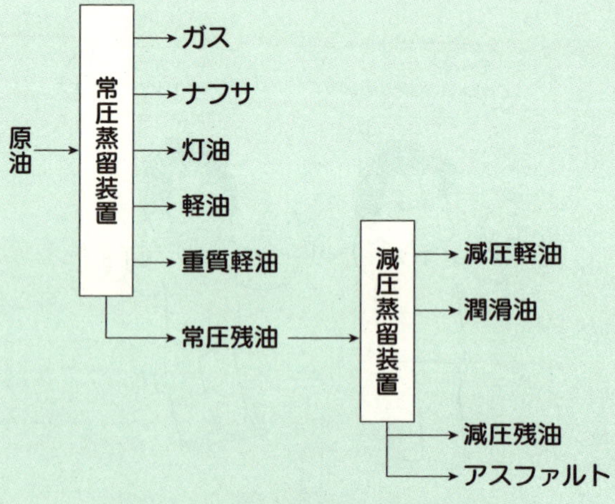

図８－４　石油精製のフローシート

これらの留分は，必要に応じて，水素化処理，不純物除去(硫黄分除去など)，または熱分解処理法などによって，多くの石油製品になります。

製油所における水質汚濁防止法の特定施設

主に次のようなものがあります。

- 常圧蒸留装置
- 減圧蒸留装置
- 揮発油，灯油または軽油の洗浄装置
- 脱塩装置
- 潤滑油洗浄装置
- 廃油処理装置

製油所において規制される排水

規制される排水としては，それぞれのプロセス水（工程からの排出水），ポンプ冷却水，タンク排水，冷却排水，バラスト水（タンカーなど，液体の荷を降ろして重量が減った船舶が，バランスを保ち安全な航海を続けるために船に積む海水），事務所関連の一般生活排水などがあります。

製油所の排水処理項目

処理すべき対象項目は，pH，BOD，COD，SS，ノルマルヘキサン抽出物質が挙げられます。それらは，排水量や汚染物質の種類や濃度に応じた処理が必要です。用いられる処理技術としては，pH調整，凝集沈殿，加圧浮上，ろ過，活性汚泥処理，活性炭吸着などです。

【問題】 大量液体輸送のタンカーなどの荷を降ろし，重量が減った船舶がバランスを保って安全な航海を続けるために船に再度積み込む海水のことを何と言うか。

1．バラス水　　2．ブラスト水　　3．バラック水
4．バラスト水　　5．バランス水

解説

これは本文解説のように，肢4のバラスト水ですね。

正解　4

Q9 大規模水質特論の立場から，紙・パルプ業界について，その概略を教えて下さい。

A. 紙・パルプ業界とは？

紙・パルプ業界とは，基本的に製紙業界です。コンピュータ化した現代でも，印刷用の紙が要らなくなったかといいますと，けっしてそのようなことにはなっていないのが現状ですね。古紙のリサイクルにおいて，とくに日本はかなり進んだレベルにありますが，製紙業界自体は田子浦へドロ事件を起こした業界でもあり，国の公害対策の遅れも原因して，地域を汚してきた歴史があります。しかし，その環境修復も実施され，用水多用産業として節水と排水処理にも努力が続けられています。プロセス発生水の再利用やクローズド化によって，節水と汚濁負荷減少が図られ，パルプ製造工程および抄紙工程とそれぞれの工程で鋭意努力が払われています。

製紙工場における主な生産品目としては，コート紙，上質紙，中質紙，高級白板紙などで，国内生産量は合計で約100万tとなっています。その主原料は木材で，それを中間製品のパルプにして，最終目的の紙製品にしています。

パルプ製造工程

パルプ製造法の主要製造法としてクラフトパルプ法があります。この方法でかなり強度の高いパルプが製造できますが，その製造プロセスは次の図のようなものです。

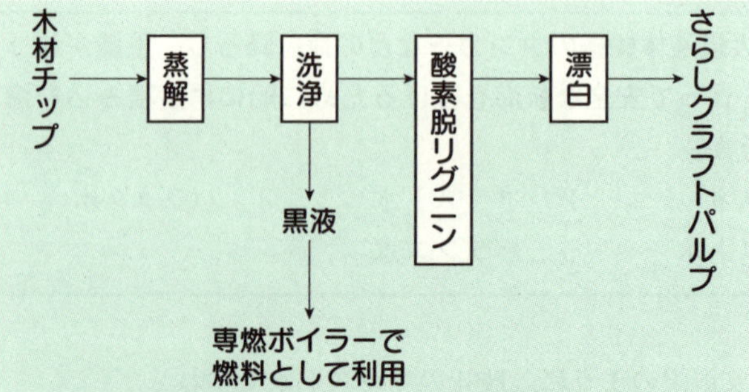

図8-5　クラフトパルプ製造工程の流れ

抄紙工程

抄紙とは紙を抄く工程，つまり紙の製造工程です。次の図のような流れになっています。

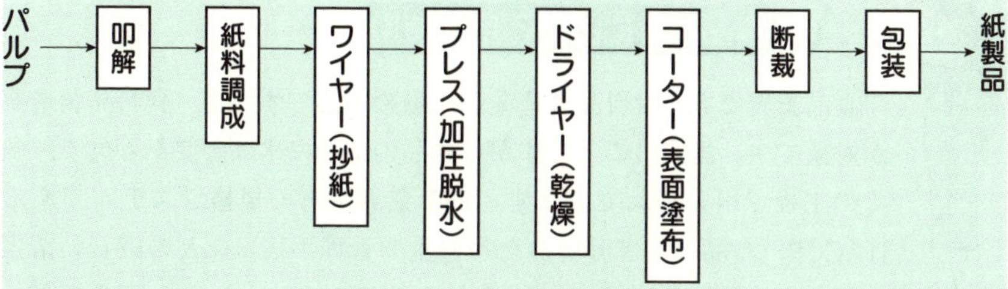

図８－６　抄紙工程の流れ

排水処理方式

主たる対象成分は次の２種類で，それぞれの処理方式を示します。

a）有機物質（BOD，COD）

処理方式は，活性汚泥法が中心です。脱水された汚泥（スラッジ）はボイラー（スラッジ・ボイラーと呼ばれます）の燃料に使用され，工場での蒸気発生などの熱エネルギーとして利用されます。スラッジ・ボイラーで燃焼された後の灰はセメント原料などになります。

b）懸濁物質（SS）

処理方式は，主に凝集沈殿法によります。

Q 10　大規模水質特論の立場から，食品業界について，その概略を教えて下さい。

A. 食品業界における用水使用

食品業界でも，食料品製造業が工場の中心ですので，食料品製造業が対象です。当然のことですが，食品の製造に水は必要不可欠で，多くの工程で用いられています。この業界特有の規格システムであるHACCP（ハサップ）（食品の危害分析のための重要管理手法）などの厳しい衛生管理システムも広く導入されています。それらのシステムによって，衛生管理と節水の努力がなされています。

食品業界の主たる分類と主な施設

およそ，次のような分類がなされています。

① 畜産食料品
② 水産食料品
③ 野菜・果実を原料とする保存食料品
④ みそ，しょう油
⑤ パン・菓子または製あん
⑥ めん類
⑦ 豆腐・煮豆

これらの工場における主な特定施設は次のようなものです。

① 原料処理施設
② 洗浄施設
③ 湯煮施設
④ 脱水施設
⑤ ろ過施設
⑥ 圧搾施設
⑦ 濃縮施設
⑧ 精製施設

食料品製造業の排水とその処理の状況

食品業界では，健康被害項目の排出はまずありませんが，生活環境項目として有機成分の BOD などが多くの工場で排出されます。しかし，一律排水基準規制は排水量 50 m^3/日以上の工場に適用されることと，この業界では小・中規模の工場が多いこととで，一律排水基準の適用される工場はかなり少ないです。

用水使用の特徴として，節水は生産規模の大きい工場と小さい工場で進んでいて，その中間規模の工場では用水使用量が大きい傾向があります。これは，大型工場は最新式生産設備や用水使用合理化設備の導入が進んでいること，小規模工場は人の手によるこまめな用水管理が行き届くことによると考えられます。

水質の特徴として，多品種生産型の工場が多く，製品ごとに水量や水質も異なりますが，処理対象項目としては，生物処理のしやすい有機性排水が多いため活性汚泥法が多用されています。一部では，活性汚泥法だけでなく，嫌気性処理を組み合わせて処理することで，副生メタンガスの利用なども行われています。

Q 11　練習のために，大規模水質特論に関する問題をいくつか出して下さい。

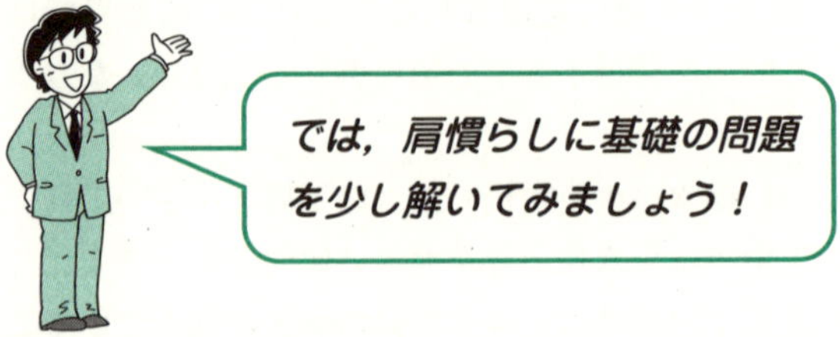
では，肩慣らしに基礎の問題を少し解いてみましょう！

【問題１】 水系における生態系モデルに関する記述として，誤っているものはどれか。

1．生態系モデルとは，対象とする系の中の物質循環を炭素，窒素，りんなどの元素を用いて定量化するモデルである。

2．系内の物質循環を調べるためには，河川を通じて対象水域に流入する有機物や栄養塩などの負荷量が必要である。

3．生態系モデルは，資源，生産者，消費者，分解者を考慮し，これらの間の物質循環を定量的に解析するモデルのことであり，内部生産として動物性プランクトンによる一次生産が想定されている。

4．エスチャリーの生態系モデルでは，拡散方程式が基本的な枠組みとして使われている場合が多く，また生態系構成要素間の物質の動きは，温度に大きく依存している。

5．生態系モデルを導入する理由は，海域における一次生産機構を理解する必要があるからである。

解説

肢３にいう一次生産とは，動物性プランクトンではなくて一般に植物性プランクトンによるものです。動物は植物などの生産した産物（有機物等）を利用する立場となっています。

正解　３

【問題２】 海域における溶存酸素に関する記述として誤っているものはどれか。

1．海面を通して大気との間で酸素の交換が行われる。
2．プランクトンの呼吸によって溶存酸素が消費される。
3．硝化作用によっても溶存酸素が消費される。
4．海域の飽和酸素量は，水温のみの関数である。
5．貧酸素水塊が形成され，さらに酸素が枯渇すると，硫酸還元によって硫化水素が発生する。

解説

肢4の海域の飽和酸素量は，水温以外に塩分濃度なども関係します。その他の記述は正しいものになっています。

正解　4

【問題3】　生態系モデルにおける動物性プランクトンの役割に関する記述として，誤っているものはどれか。

1．植物性プランクトンを摂食する。
2．排泄物によってデトリタスを形成する。
3．死亡してデトリタスを形成する。
4．硝酸態窒素あるいは亜硝酸態窒素を摂取して栄養とする。
5．呼吸によって溶存酸素を消費し，無機態炭素を排出する。

解説

動物はプランクトンであってもなくても，基本的に無機物から栄養を摂ることはできません。植物などが生産した有機物を栄養とする立場です。その結果，有機物を排出したり自身が有機物になったりしますし，（炭酸態炭素，つまり二酸化炭素などの）無機物を排出することもあります。肢4のように硝酸や亜硝酸という無機物から栄養を摂ることもできません。

正解　4

【問題4】　水の再利用に関する記述として，誤っているものはどれか。

1．ある用途に使用した水を，そのまま他の用途に使用することをカスケード利用という。
2．カスケード利用としては，洗浄用水を間接冷却水に利用する例が多い。
3．工場内の各工程から発生する水を総合して再生処理し，処理水を使用可能な工程に再利用する方式を工場単位再生利用という。
4．排ガス洗浄塔における洗浄用水の循環利用においては，補給水が必要である。
5．循環利用では，常に一定のブロー（放流）と補給を行う必要がある。

解説

肢2の洗浄用水は洗浄に使う水であり，使ったあとは汚れますので，一般に腐食対策などが施されていない間接冷却水用の熱交換器には使いません。通常，間接冷却水に使った水を洗浄用水に用いることは多くなされています。

正解　2

【問題5】　冷却塔による循環冷水系システムにおいて，一般に蒸発量 E［m^3/h］やロス水量を含む飛散水量 W［m^3/h］は制御しにくいので，ブロー量 B［m^3/h］として操作変量を持って濃縮倍率 N をコントロールしている。制御すべきブロー量 B と，N，E および W との関係はどのような数式になるか。

1．$B=\frac{E}{N}+W$　　2．$B=\frac{E}{N-1}+W$　　3．$B=\frac{E}{N}-W$

4．$B=\frac{E}{N-1}-W$　　5．$B=\frac{2E}{N-1}-W$

解説

冷却塔システムを全体として眺めますと，補給水量を M［m^3/h］として，システムに入る水量は M であって，システムから出る水量は，$E+B+W$ となります。従って，次式が成り立ちます。

$$M=E+B+W \qquad \cdots\cdots(1)$$

一方，濃縮倍率 N の定義は，補給水量を蒸発せずに出てゆく水量で割ったものとなりますので，

$$N=\frac{M}{B+W} \qquad \cdots\cdots(2)$$

この定義式が不安な時は，蒸発水が全くない時（$E=0$），式(1)より，

$$M=B+W$$

即ち $N=1$ となってうなずけますし，逆にブローもロスも全くない時（$B=0$，$W=0$）には，$N=\infty$ となって，これもうなずけます。
以上により，

$$N = \frac{E + B + W}{B + W} = 1 + \frac{E}{B + W}$$

$$\therefore \quad B = \frac{E}{N - 1} - W$$

正解 4

【問題 6】 製鉄業で主に用いられる用語として安水と呼ばれるものがあるが，これは次のどの意味で用いられるか。

1．シアン含有水　2．アクロレイン含有水　3．アンモニア含有水
4．安全な水　5．保安用水

解説

安水は肢 3 のアンモニア含有水の意味で用いられています。

正解 3

【問題 7】 次の大規模設備の水質汚濁防止対策のうち，食品工場に一般的に該当するとみられるものはどれか。

1．排水中の有害物を除去するため，排水ストリッパー処理を行う。
2．水使用の合理化が進んでおり，94% 前後の用水循環率となっている。
3．生物分解されやすい BOD 成分が多いため，活性汚泥などの生物処理方式が多く採用されている。
4．製品の表面処理排水には，六価のクロム酸が含まれる場合がある。
5．製造工程のリグニンを含む濃厚廃液は濃縮燃焼し，エネルギー，薬品の回収をする。

解説

肢 1：排水ストリッパー処理は，比較的低沸点の化学物質を蒸留する際に用いられますので，食品工場には一般に該当するものは少ないです。
肢 2：用水循環率が 90% 以上となっているのは，鉄鋼業です。
肢 3：食品工場においては，設問の通りです。
肢 4：食品工場では，六価クロムなどの重金属は一般に用いられていません。
肢 5：リグニンは木材の主成分の一つで，この場合はパルプ工業が該当します。

正解 3

【問題８】　紙・パルプ工場における水質汚濁防止技術に関する記述として，誤っているものはどれか。

1．パルプ製造工程では，プロセスを効果的で無駄のないクローズドシステムにすることで，排水汚濁負荷の減少とコストダウンを進めることができる。

2．凝集沈殿処理では，懸濁物質を除去する。

3．抄紙工程では，ろ水（白水）の循環使用は節水に大きく寄与している。

4．活性汚泥処理では，排水中の無機成分を除去する。

5．脱水した汚泥はスラッジボイラーで燃やされ，得られた熱エネルギーは紙の乾燥工程などで利用される。

解説

活性汚泥処理では，排水中の無機成分は除去できません。有機物が対象です。

正解　４

【問題９】　次に示すような大規模工場における排水処理の事例として，工場とその排水処理技術の組合せにおいて誤っているものはどれか。

1．清涼飲料工場（六価クロムの還元，好気性および嫌気性の微生物処理）

2．ビール工場（好気性および嫌気性の微生物処理）

3．鉄鋼製造工場（六価クロムの還元，中和，凝集沈殿，ろ過）

4．製紙工場（中和，標準活性汚泥法および凝集沈殿処理）

5．石油精製工場（中和，凝集沈殿，加圧浮上，ろ過，活性汚泥処理，活性炭吸着）

解説

清涼飲料工場やビール工場のように食品工場で金属クロムを用いることは基本的にありません。従って，六価クロムの還元も行われません。

肢１の「好気性および嫌気性の微生物処理」の部分は正しい記述です。その他の選択肢も正しいものになっていますね。

正解　１

喫茶室　縄文人は未開人？

日本の歴史の中で，ほぼ一番古い時代である縄文時代について，皆さんはどのように思っておられるでしょうか。農耕生活に入らずに野山で狩りをしたり木の実を採ってきたりして生活していた縄文人は未開人だったのでしょうか。実は，日本の歴史学者も以前は，農耕生活に移った時期が世界の中でもかなり遅かった等の理由から，自らの先祖について若干のひけ目を感じることもあったそうです。

しかしながら，縄文研究が進んだ近年では，それをくつがえすようなことが次々にわかってきたようで，縄文時代の初め，黒潮や対馬海流などの暖流が温度と湿度を与えてくれたおかげで四季が明確な温暖湿潤気候に変わり，山の幸，海の幸が実に豊富な日本列島ができたようです。その結果，我々の先祖である縄文人たちはこれらをおおいに享受したようです。

その頃，外国では狩猟生活の不安定さから抜け出すために長い期間をかけて苦労して農耕生活に移っていったようですが，一方自然が豊かで採りにいけば食糧が十分に得られる環境にあった縄文人たちはわざわざ苦労して農耕に移行する必要をみとめなかったというのです。マグロのトロを食べ，味付けして煮炊きする縄文土器を発明し，遠方とのの交易や，建築物の長さの基準である縄文尺もあって，文化とよべる形が十分に整っていたと言えるようです。彼らは住居の近くにクリの林も所有していて手間のかからない食糧林にもなっていました。大陸での農耕の情報もおそらく把握しつつも，必要になったらいつでも農耕に入るぞと考えながら，まだその時期にあらずと，余裕を持った文化であったと言えるように思います。

索　引

数　字

1,1,1−トリクロロエタン 224
1,1,2−トリクロロエタン 224
1,1−ジクロロエチレン 224
1,2−ジクロロエタン 224
1,2−ジクロロプロパン 146
1,2,3−トリクロロベンゼン 44
1,2,4−トリクロロベンゼン 44
1,3−ジクロロプロペン 224
1,3,5−トリクロロベンゼン 44
1,4−ジオキシン 147
22.4 L_N/mol 47
22.4 m^3_N/kmol 47
3,3'-ジアミノベンジジン 222
3R 98
4−アミノアンチピリン 202
4−ピリジンカルボン酸−ピラゾロン吸光光度法 223
5W1H 29
8.314 J/(mol·K) 48

記　号

%(w/v) 46
%(v/v) 46
%(w/w) 46
−SH 164

アルファベット

A

act 104
As 226
AsH_3 226
atm 48

B

BAF 153
BCF 153
Bio-Accumulation Factor 153
Bio-Concentration Factor 153
Biochemical Oxygen Demand 102
bioremediation 99
BOD 102, 145, 198, 200
BOD 発生原単位 154
brackish water 160

C

$CdO_2{}^{2-}$ 217
CFC 102
CH_3NH_2 181
CH_3SH 187
CH_4 187
check 104
Chemical Oxygen Demand 102
chlorinated fluorocarbon 102
CI 205
cis-1,2-ジクロロエチレン 224
CNP 146
COD 102, 145, 198, 200, 239
COD_{Cr} 201
COD_{Mn} 201
COD_{OH} 201
COP 3 102

D

DDVP 146
Dissolved Oxygen 102
DO 102, 239
do 104
DOC 239

E

ECD 224, 230
Eco-Manegement and Audit Scheme 102
EDTA 55
EI 205
EMAS 102
EPN 146

F

FAB 205
fenobucarb 147
FID 224, 230
film 184
food mileage 100
formol 47
formol/L 47
FPD 230
FTD 230

G

GC 229
GC−MS 205
GEF 103
Global Environment Facility 103

H

H（水素） 42
H&S 224
H_2S 187
H_2Se 226
H_2SO_3 93
H_2SO_4 93
HACCP（ハサップ） 258
HBFC 103
HCFC 103
HCl 42
He（ヘリウム） 42
How 29
HNO_2 93, 181
HNO_3 93, 181
$HPbO_2{}^-$ 217
HPLC 230
Hydrogenated bromofluorocarbons 103
Hydrogenated chlorofluorocarbons 103

I

IBP 146
ICP 57
ICP 質量分析法 57
ICP 発光分析法 57
ICP 分析法 202
Intergovernmental Panel on Climate Change 103
International Organization for Standardization 103
IPCC 103
ISO 103

J

Japan International Cooperation Agency 103
JICA 103
JIS 50
JIS 使い方シリーズ　詳解工場排水

試験方法　50

K

$K_2Cr_2O_7$　201
$KMnO_4$　201

L

L－*Q* 解析　240
LC－MS　205
LC_{50}, LC 50　164
LCA　100, 103
LD_{50}, LD 50　164
Life Cycle Assessment　103
L_N　47
ln（自然対数）　120
log　119
$\log K_{OW}$　151

M

m（イオンの分子量）　204
m^3_N　47
Material Safety Data Sheet　104
membrane　184
MEP　146
MF　185
Microfiltration　185
mol　46
$mol \cdot dm^{-3}$　46
mol/dm^3　46
mol/kg　47
mol/L　46
MSDS　104

N

N－メチルグルカミン酸　214
N_2　181
N_2H_4　181
N_2O　181
N_2O_4　181
N_2O_5　181
$Na_2S_2O_3$　201
NaCl　42
Nanofiltration　185
NCl_3　183
NF　185
NH_2Cl　183
NH_3　42, 181
NH_4^+　187, 192
$NHCl_2$　183
NO　181
NO_2　181
NO_2^-　192
NO_3^-　192
NOAEL　164
NOEL　164
No Observed Adverse Effect Level　164
NO_x　93

O

ODA　104
ODS カラム　231
Official Development Assistance　104

P

p－ジクロロベンゼン　146
p－ニトロフェノール吸光光度法　223
P&T　224
PCB　104
PCDDs　45
PCDFs　45
PDCA サイクル　104
pH　92, 122, 145, 198
PH_3　187
phytoremediation　99
plan　104
POC　239
pOH　92
Pollutant Release and Transfer Registers　104
polluter pays principle　104
Polychlorinated Biphenyl　104
ppb　47
ppm　47
ppm（v/v）　47
PPP　104
ppq　47
ppt　47
PRTR　104

R

RDF　104
Re　62
Reverse Osmosis　185
Recycle　98
Reduce　98
Refuse Derived Fuel　104
Re-use　98
RO　185

S

Se　226
SNS　36
SOx　93
SPM　105
SS　105
Suspended Particulate Matter　105
Suspended Solid　105

T

$T_{1/2}$　164
TCD　230
TDI　165
thiobencarb　147
tolerable daily intake　165
TPN　146

U

UF　185
UFs　165
Ultrafiltration　185
UNDP　105
UNEP　105
United Nations Development Programme　105
United Nations Environment Programme　105

V

v/v%　46
VSD　165

W

w/v%　46
w/w%　46
w/wppm　47
What　29
When　29
Where　29
Who　29
Why　29

Z

Z（イオンの電荷）　204

ギリシャ語

β 線　230

あ

アイソクラティック法　231
亜鉛　198, 202
亜鉛酸イオン　217
亜鉛メッキ　251
亜鉛メッキ工程排水　251
アオコ　148
赤潮　148

阿賀野川 75
阿賀野川水銀汚染 140
悪臭 74
悪臭原因物質 89
悪臭防止法 89
足尾鉱毒事件 75, 140
足尾銅山 140
足尾銅山鉱毒事件 75
亜硝酸 93, 181, 215
亜硝酸化合物 223
亜硝酸態窒素 192
預かり金 99
アスファルト 254
アスベスト 90
アスベスト健康被害 75
アゾメチンH 222
アセトニトリル 231
アダクツ 183
圧延 251
圧搾施設 258
圧力損失 194
亜鉛酸イオン 217
アニオン 177
アニオン系凝集剤 177
アノード 178
アベレル－ノリス法 223
アボガドロ数 124
アラビア湾 160
亜硫酸 93
亜硫酸塩 214
アルカリ 92
アルカリ塩素法 215
アルカリ加水分解活性汚泥法 215
アルカリ性 92
アルカリ性食品 93
アルカリ熱イオン検出器 230
アルキル水銀 222
アルコール 231
アルミニウム 217
アルミニウム化合物 176
アルミン酸カルシウム 214
安水 250, 252
アンチモン 147
アンモニア 42, 89, 181, 182, 187, 215
アンモニア・ストリッパー 252
アンモニア塩 252
アンモニア化合物 223
アンモニア態窒素 192

い

イーマス 102
硫黄化合物沈殿法 217
硫黄酸化物 86
硫黄分除去 255
イオン化 204
イオンクロマトグラフィー 228
イオンクロマトグラフ法 223
イオン交換 228
イオン交換吸着法 217
イオン交換樹脂 214
イオン交換法 214, 217
イオン交換膜 185
イオン電極法 223
異性体 42
イソ 42
イソキサチオン 146
イソプロチオラン 146
イタイイタイ病 75, 140
一律基準 144
一酸化炭素 87
一酸化窒素 181
一酸化二窒素 181
一兆分率濃度 47
一般排出基準 88
一般粉じん関係公害防止管理者 91, 116
一般粉じん発生施設 90
移動相 228
移動発生源 86
イプロベンホス 146
医薬品製造業 167
陰イオン 177
陰イオン交換樹脂法 215
陰極 178
インターネット 29, 36, 58
インドフェノール青吸光光度法 223

う

ウィーン条約 94
上乗せ基準 145
上乗せ排出基準 88
ウラン 147

え

液体クロマトグラフィー 228
エスチャリー 160, 238
エスチャリー循環 160
枝分かれ 42
エチゼンクラゲ 149
エチレンジアミン四酢酸 55
エピクロロヒドリン 147
エミッション 98
塩化水素 42
塩化ナトリウム 42
塩化ビニルモノマー 146
炎光光度検出器 230
塩酸 42
遠心脱水 196
塩水楔 161
塩素 182
塩素消費量 183
塩素要求量 183

お

欧州工業界における企業が任意に参加できる環境マネジメント及び監査計画に関するEC委員会規則 103
オキシン銅 146
オクタデシル・シリカカラム 231
オクタデシル基 231
オクタノール／水分配係数 151
汚水等排出施設 90
汚染者負担原則 104
オゾン酸化法 215
オゾン層保護のためのウィーン条約 94
汚泥処理プロセス 196
オルト- 43

か

カーボンニュートラル 96
加圧脱水 196
加圧ろ過 196
外因性内分泌攪乱化学物質 97
海岸平野 161
海岸平野型エスチャリー 161
回折格子 56
改善命令等 145
階段式ストーカ炉 196
回転円板法 190
化学イオン化法 205
化学記号 42
科学技術試験研究機関 167
化学式 42
化学繊維製造業 167
化学的酸素要求量 102
化学的酸素要求量／消費量 200
化学発光検出器 231
化学反応式 128, 132
化学反応式の係数 128
化学肥料製造業 167
化学物質リスク 164
学習期間 31
学習書 34
各種還元法 214
拡散係数 64
かけがえのない地球 105
過去問 22
可視・紫外分光光度計 56
ガス 254
ガスクロマトグラフィー 228
ガスクロマトグラフ質量分析法 223
ガスクロマトグラフ法 223
カスケード 245
カスケード利用 245
河川流量 238
カソード 178

可塑剤　147
カチオン　177
カチオン系凝集剤　177
活性アルミナ　214
活性汚泥法　190
活性炭　214, 229
活性炭吸着法　215
家電リサイクル法　83
カドミウム　144, 198, 214, 222
カドミウムおよびその化合物　166
カドミウム酸イオン　217
過マンガン酸カリウム水溶液　201
紙・パルプ業界　256
神岡鉱山　75
科目合格制　113, 114
ガラス管　229
ガラス製造業　166
カリウム　148
ガリレオ　174
乾基準　197
環境・循環型社会白書　35
環境アセスメント　96
環境影響評価制度　96
環境汚染物質排出・移動登録　104
環境家計簿　96
環境基本法　74, 76
環境国際行動計画　105
環境省　76
環境省告示　50
環境試料　50
環境税　96
環境庁告示　50
環境と開発に関するリオ・デ・ジャネイロ宣言　95
環境白書　35
環境報告書　97
環境保全　76
環境ホルモン　97
環境マネジメント　103
環境ラベル　97
還元　180
還元剤　55
還元性物質　189
還元反応　178
緩混合型エスチャリー　161
慣性抵抗　175
完全循環型社会　78
完全な物理拡散モデル　238
完全リサイクル方式　98
乾燥基準　197
乾量基準　197

き

機械部品製造業　166
機器分析　58
危険物取扱者試験　20
気候変動に関する国際連合枠組条約第3回締約国会議　95
気候変動に関する政府間パネル　103
気候変動枠組条約　95
気候変動枠組条約第3回締約国会議　102
揮散法　215
基質　242
汽水，汽水域　160
気体定数　48
気体の状態方程式　48
基地公害　74
吉草酸　89
規定度　47
起電力　178
逆浸透法　185
逆浸透膜　185
逆相クロマトグラフィー　231
逆滴定　201
逆列成層　163
キャリアーガス　229
キャピラリーカラム　230
嗅覚測定法　89
吸光光度検出器　231
吸光光度法　56, 202
吸収強度　56
吸着　228
吸着法　214
狭域循環利用　245
狭義の節水　244
強混合型エスチャリー　161
夾雑物　184
凝集剤　176
凝集剤添加　196
凝集沈降　176
凝集沈殿法　214
強成層型エスチャリー　161
共沈法　214, 217
共通イオン効果　218
京都議定書　95
京都メカニズム　100
局部的再生利用　245
局部的循環使用　245
キレート　55
キレート滴定法　55
均質型エスチャリー　161
金属性　226
金属精錬所　166
金属鉄　214
金属鉄還元法　214
金属フィラメント・サーミスタ　230

く

空げき率（空隙率）　194
くず鉄　217
国等による環境物品等の調達の推進等に関する法律　82
国の責務　76
熊本水俣病　75
グラジエント法　231
クラフトパルプ法　256
グラム式量　47
クリーニング業　167
クリーンエネルギー　97
グリーンエネルギー　97
グリーン購入　97
グリーン購入法　82
クロストリディウム　190
クロマトグラフィー　228
クロマトグラム　228
クロム（VI）　198
クロム塩　214
クロム酸利用金属表面処理業　166
クロメート処理工程排水　251
クロラミン類　183
クロルニトロフェン　146
クロロタロニル　146
クロロフルオロカーボン　102
クロロベンゼン，クロルベンゼン　43
クロロホルム　146, 198, 231

け

計画変更命令　145
蛍光検出器　231
経口摂取　164
計算問題を解く方法　24
けい藻土　230
系統樹　28
軽油　254
結合塩素　183
結合残留塩素　183
血中濃度半減期　164
ゲル・パーミエーション・クロマトグラフィー　228
ゲル浸透クロマトグラフィー　228
減圧軽油　254
減圧残油　254
減圧蒸留装置　254
限外ろ過法　185
嫌気性菌　186
嫌気性処理法　190
原子　42
原子化　57
原子吸光法　57, 202
原子蒸気　57
原子団　43
検出器　56
原生動物　190
建設リサイクル法　82
懸濁固形物質　184
懸濁物質　105
原単位　154
原油　254
減容　98
原料処理施設　258

検量線 52

こ

コークス製造業 166
コークス炉 250
コールタール 253
高圧洗浄方式 245
公害 74
公害国会 141
公害対策の優等生 86
公害防止管理者 16, 90
公害防止管理者の区分 91, 113
公害防止管理者の試験科目 113
公害防止主任管理者 17, 116
公害防止組織 16
公害防止統括者 16
光化学オキシダント 87
光化学スモッグ 75
好気性菌 186
好気性バクテリア 201
広義の節水 244
好嫌気性処理法 190
光源 56
公共用水域 144
光合成バクテリア 152
鉱山・鉱業 166
硬質ガラス 199
講習会 21
工場単位再生利用 245
工場排水規制法 141
合成樹脂製造業 167
合成染料製造業 167
後生動物 190
酵素 242
高速液体クロマトグラフィー 230
高速液体クロマトグラフ法 223
高速中性原子衝撃法 205
交通公害 74
公定分析法 50
高分子凝集剤 176
向流多段洗浄方式 244
向流多段方式 244
国際協力機構 103
国際連合開発計画 105
国民の責務 76
国連環境計画 105
国連人間環境会議 105
固形燃料 104
五酸化二窒素 181
コゼニー・カルマンの式 194
固体カラム 228
固定相 228
固定発生源 86
コバルト 217
コプラナー PCB 45
コプラナーポリクロロビフェニル 45
ご褒美方式 32
ごみ焼却場 167
紺青法 215
コンビナート 254
コンポスト 97

さ

細菌 184
再使用 98
最小二乗法（自乗法） 52
サイズ排除 228
再生可能エネルギー 97
再生利用 98, 245
最大反応速度 242
サイト 36
再溶解 217
再利用節水 245
錯体 55
錯（体）形成滴定法 55
酢酸エチル 231
殺菌剤 146
殺虫剤 146
里海 98
里地・里山 98
里浜 98
酸 92
酸洗い工程 251
酸洗工程排水 251
酸塩基滴定法 55
酸化 180
酸化還元滴定法 55
酸化還元電位 178
酸化剤 55, 178
酸化数 180, 226
酸化性物質 87
酸化窒素 227
酸化池法 190
酸化反応 178
酸化分解法 215
産業廃棄物焼却場 167
参考書 34
酸欠 148
酸水素炎 230
散水ろ床法 190
酸性 92
酸性雨 93
酸素欠乏 148
酸素消費量 200
酸素要求量 200
三大閉鎖性海域の排水総量規制 141
サンプル 50
酸分解燃焼法 215
残留塩素 182

し

次亜塩素酸 183
次亜塩素酸ナトリウム 182
シアン化合物 166, 199, 215, 223
自栄養細菌 192
ジエチルジチオカルバミン酸銀 222
四塩化炭素 198, 224
磁気分離法 214
式量濃度 47
事業者の責務 76
ジクロラミン 183
ジクロロエチレン 198
ジクロロメタン 166, 224, 231
ジクロロベンゼン 43
ジクロルボス 146
資源の有効な利用の促進に関する法律 83
資源有効利用推進法 83
施行規則 76
施行令 76
試験会場 38
示唆屈折率検出器 231
四酸化二窒素 181
四重極型 205
自浄作用 156
指数 118
自然対数 120
湿基準 197
湿式化学分析法 54
湿式加熱法 215
実質安全量 165
湿潤基準 197
湿量基準 197
質量作用の法則 218
質量スペクトル 204
質量分析計 205
質量分析法 204
持続的発展 76
自動給水型 244
自動手洗い器 244
磁場収束型 204
ジフェニルカルバジド 202, 222
シマジン 223
弱混合型エスチャリー 161
写真 38
十億分率濃度 47
臭気指数 89
臭気判定士 89
重質軽油 254
従属栄養細菌 192
終端沈降速度 175
充てんカラム 230
充てん層 194
収入印紙 38
周辺の地図 38
終末速度 175
終末沈降速度 175
重量／重量濃度 46
重量／容積（体積）濃度 46
重量分析法 54

重量モル濃度　47
受験願書　38
受験票　38
受験前の心構え　38
受験料　38
ジュネーブ　103
潤滑油　254
循環型社会形成推進基本法　76, 82
循環水量　246
順次決定法　128
順相クロマトグラフィー　231
馴養　189
常圧蒸留装置　254
常圧残油　254
硝化・脱窒法　215
生涯危険率　165
硝化作用　192
硝酸　93, 181, 215, 223
硝酸イオン　202
硝酸銀標準液　55
硝酸態窒素　192
抄紙工程　257
消失半減期　164
脂溶性物質　151
小便器自動洗浄　244
蒸発水量　246
蒸発潜熱　248
消費者　152
常用対数　92
初期値　157
食塩　42
触媒分解法　215
食品業界　258
食品公害　74
食品循環資源の再生利用等の促進に関する法律　82
食品リサイクル法　82
食器洗浄器　245
植物性プランクトン　238
食物ピラミッド　153
食物連鎖　152
食物網　153
除草剤　146
シリカゲル薄層　228
試料　50
試料採取　198
試料容器　56, 198
新・公害防止の技術と法規　35
真空ろ過　196
深呼吸　39
神通川　75
人造黒鉛電極製造業　166
振動　74
振動規制法　89
振動発生施設　90

す

ズーグレア　190
水温躍層　162
水銀　198, 214, 222
水酸化鉄　214
水酸化ナトリウム　93
水酸化物　214
水酸化物イオン　216
水産食料品　258
水質汚濁　74
水質汚濁防止法　74, 88, 144
水質汚濁に係る要監視項目　142
水質関係第1種～第4種公害防止管理者　91, 116
水質関係と大気関係の違い　18
水質浄化　176
水質総量規制　141
水質保全法　141
水質予測のためのモデル　238
水生生物の保全に係る要監視項目　142
水素　42
水素イオン濃度指数　92
水素エネルギーシステム　99
水素炎　230
水素炎イオン化検出器　224, 230
水素化合物発生法　226
水素化処理　255
水素化セレン　227
水素化ひ素　227
水素化物発生法　226
水洗　196
水洗排水　251
水中浮遊微生物　239
水分率　196
水理学　238
水理模型　63
スクリュープレス　196
スケール　247
スケールピット　251
すず　217
すずメッキ排水　251
ステンレス管　229
ステンレス鋼製造業　166
ストックホルム　105
ストリッパー　251, 252
スプレー方式　245
スペクトル　56
スモッグ　75
スライム　247
スリーナイン　53

せ

生活環境の保全に関する環境基準　88, 142
正極　178
制限因子　148
生産者　152
製紙業界　256
精製施設　258
成層状態　162
生態学的モデル　239
生態系　148
生態系モデル　239
生体内蓄積係数　153
正電荷　178
正のエスチャリー　160
政府開発援助　104
生物化学的酸素要求量／消費量　200
生物化学的酸素要求量　102
生物処理法　215
生物多様性条約　95
生物濃縮　150
生物濃縮係数　153
生物の多様性に関する条約　95
生物膜法　190
生物ろ過法　190
精密ろ過法　184
製油所　254
ゼオライト吸着法　215
赤外分光光度計　56
積分　27
世界銀行　103
石炭火力発電所　167
石油化学工業　166, 254
石油精製業　166, 254
石油製品　254
石灰石　93
接触ばっ気法　190
節水　244
節水型機器　244
接着剤　147
接頭語　42～43
絶滅危惧種　101
絶滅のおそれのある野生動植物の種の国際取引に関する条約　94
セミミクロカラム　230
セレン　198, 214, 222, 226
セレンおよびその化合物　166
セレン化水素　227
ゼロ・エミッション　98
ゼロ・エミッション技術　78
遷移域　62
全クロム　198, 202
全シアン　144
洗浄施設　258
全窒素　198, 202
千兆分率濃度　47
専門学校　21
全りん　198, 202

そ

ソーシャル・ネットワーキング・システム　36
騒音　74
騒音・振動関係公害防止管理者　91, 116
騒音規制法　89
騒音発生施設　90
相関係数　53
層流，層流域　62
総量規制基準　88
測定量　52
その他の物質や項目に関する一律排水基準　142

た

ダイアジノン　146
ダイオキシン類　44
ダイオキシン類関係公害防止管理者　91, 116
ダイオキシン類発生施設　90
大気汚染　74
大気汚染防止法　88
大気関係第1種～第4種公害防止管理者　91, 116
大言壮語方式　33
対数　119
代替ハロン　103
代替フロン　103
大腸菌群数　198
第二水俣病　75, 140
代表サイズ　64
代表流速　64
耐容一日摂取量　165
他栄養細菌　192
多孔質シリカゲル　230
多孔質膜　185
脱水施設　258
脱窒作用　192
縦型多段炉　196
田中正造代議士　141
ダライコ法　217
タンク排水　255
炭素税　96
担体添加法　190

ち

地域的再生利用　245
チウラム　223
チオール基　164
チオベンカーブ　147
チオ硫酸ナトリウム　201
地下水に係る環境基準　142
置換法　217
地球環境ファシリティ　103
地球環境保全　76
地球規模の環境問題　76
地球サミット　95
畜産食料品　258
地産地消　98
チタン　217
窒化酸素　227
窒素　87, 148
窒素ガス　181
窒素酸化物　86
窒素発生原単位　154
窒素分　239
地盤沈下　74
地方自治体の責務　76
チャート　228
中間域　62
中性　92
中立のエスチャリー　161
中和滴定法　55, 223
直鎖状　42
沈殿滴定法　55
沈殿法　215

つ

通信教育　21
通性嫌気性菌　187
通性好気性菌　187
積荷目録　100

て

底（対数，指数）　119
定圧比熱　248
抵抗のある場合の落下速度　174
低分子有機塩素化合物　215
定量　54
定量的　54
デカンター　251
滴定分析法　54
デッドボリューム　229
鉄　217
鉄塩　214
鉄塩（II）　214
鉄化合物　176
鉄鋼業　250
鉄鋼熱処理業　166
鉄粉法　214, 217
テトラクロロエチレン　224
デトリタス　239
デポジット　99
デポジット制度　99
電位差　178
電解還元　214
電解質溶液　178
電解酸化法　215
電解排水　251
電解脱脂工程排水　251
電気化学　178
電気化学検出器　231
電気化学反応式　178
電気加熱　57
電気伝導度検出器　231
電気透析法　185
電気分解　179
電気めっき業　167
電極　178
典型七公害　74
電子衝撃法　205
電子部品製造業　167
電子捕獲検出器　224, 230
電池　178
電池製造業　166
電池図式　178

と

銅　198, 202, 217
同位体　204
透過光強度　56
凍結　196
当日の心構え　38
湯煮施設　258
豆腐　258
動物性プランクトン　239
灯油　254
特定悪臭物質　89
特定家庭用機器再商品化法　83
特定工場　16, 90
特定工場における公害防止組織の整備に関する法律　90
特定施設等の届出　145
特定粉じん関係公害防止管理者　91, 116
特定粉じん発生施設　90
特別排出基準　88
特に水鳥の生息地として国際的に重要な湿地に関する条約　94
独立栄養細菌　192
独立行政法人　103
土壌汚染　74
土壌汚染対策法　88
都道府県知事　145
トランス－1, 2－ジクロロエチレン　146
トリクロラミン　183
トリクロロエチレン　166, 198, 224
トリクロロベンゼン　44
塗料　147

な

ナノろ過法　184
ナフサ　254
ナフチルエチレンジアミン吸光光度

法 223
ナホトカ号 141
生ごみ処理機 98
鉛 198, 214, 222
難溶性物質生成 214

に

新潟水俣病 75
二クロム酸カリウム水溶液 201
二元化合物 226
二酸化硫黄 86
二酸化窒素 86, 181
二重収束型 205
ニッケル 147
煮詰法 215
ニトロメタン 181
日本規格協会 50
日本工業規格 50
煮豆 258
ニュートンの運動法則 174
入射光強度 56
人間環境宣言 105

ね

熱間圧延工程 251
熱処理 196
熱帯地方 160
熱伝導度検出器 230
熱分解処理法 255
熱分解法 215
ネルンストの式 178
粘性抵抗 175
粘度 64
燃料電池 99

の

濃縮施設 258
濃度の単位 46
農薬 146
農薬製造業 167
ノニオン 177
ノニオン系高分子凝集剤 176
ノルマル 42
ノルマルオクタノール 151
ノルマルヘキサン抽出物質 198

は

パークアンドライドシステム 99
パージ・トラップ型 224
バーゼル条約 95
パーセント 46
ばい煙発生施設 88, 90
バイオレメディエーション 99
廃棄物処理法 83
廃棄物の処理及び清掃に関する法律 83
排出権取引 100
賠償 80
排水基準 144
排水基準違反への直罰 145
廃掃法 83
ハイドロクロロフルオロカーボン 103
ハイドロブロムフルオロカーボン 103
薄層クロマトグラフィー 228
バクテリア 186
ハザード 100, 164
パソコンリサイクル省令 83
パソコンリサイクル法 83
波長 56
発がん性物質 147
パックドカラム 229
発生原単位 154
発生抑制 98
発展途上国 75
パラー 43
バラスト水 255
パルプ工場の汚水事件 140
パルプ製造工程 256
ハロン 103
パン・菓子または製あん 258
半金属類 147
半減期 164
半数致死濃度 164
半数致死量 164
半値幅 229
半導体製造業 167
半透膜 185
反応速度 242
反応当量点 54
汎用検出器 205

ひ

ピーク 229
飛行時間型 205
ピサの斜塔の実験 174
飛散水量 246
微生物処理法 190
ひ素 198, 214, 222, 226
ひ素およびその化合物 166
ビタミン 189
非鉄金属製造業 166
人の健康の保護に関する環境基準 88, 142
ヒドラジン 181
比表面積径 194
皮膚吸収 164
微分 27
微分記号 156
微分方程式 27, 157
非メタン炭化水素 87
ヒューム 251
広口びん 198
百分率 46
百分率濃度 46
百万分率濃度 47
標準酸化還元電位 178
標準状態 47, 48
標準電極 178
表面処理工程 251
ピリジン－ピラゾロン吸光光度法 223
品質マネジメント 104

ふ

フード・マイレージ 100
ファイトレメディエーション 99
ファラデー定数 178
ファラデーの法則 179
ファン 246
フィヨルド型エスチャリー 161
フィルム 184
富栄養化 148
フェニトロチオン 146
フェノール 202, 252
フェノール類 198
フェノブカーブ 147
フェノブカルブ 146
フェノブカルプ 147
フェライト生成 214
フェライト生成磁気分離法 217
フォーナイン 53
不確実係数 165
不活性ガス 229
不活性原子 204
負極 178
不純物除去 255
フタル酸ジエチルヘキシル 147
ブタン 42
物質安全性データシート 104
物質収支 134
ふっ化カルシウム 214
ふっ素 214
ふっ素およびその化合物 166
ふっ素化合物 199, 223
ふっ素吸着樹脂 214
物理量 52
負のエスチャリー 160
浮遊物質 198
浮遊粒子状物質 87, 105
不連続点塩素処理法 215
不連続点分解法 182
フラグメントイオン 204
プラスチック容器 199
プラズマ 57
フラッシング 250
プリズム 56

フレーム法　57
フレームレス法　57
フレミングの左手の法則　204
不連続点アンモニア分解法　182
ブロー　245
ブロー水量　246
プロセス水　255
プロット　52
プロピザミド　146
フロン　94
分解者　152
分解物イオンピーク　204
分光器　56
分光法　56
分光光度計　56
分光分析法　56
分子　42
分子イオンピーク　204
分配　228
噴霧燃焼高温熱分解法　215

へ

ペーパークロマトグラフィー　228
平衡　178
閉鎖性内湾　238
閉鎖性海域　141
ヘキサン　231
ヘッド・スペース型　224
ヘリウム　42
ヘリウムガス　229
ベリリウム　217
ペルシャ湾　160
弁償　81
偏性嫌気性菌　187
偏性好気性菌　187
ベンゼン　43, 166, 215, 224, 253
ベンゼン環　44
ベントス　239

ほ

ホームページ　29, 36
ほうけい酸ガラス　199
紡績業・繊維製品製造業　167
ほう素　214, 222
ほう素およびその化合物　166
法の目的　77
法律の第一条と第二条　28
法律の勉強の仕方　28
法令データ提供システム　29
補給水量　246
保持時間　229
捕食－被食関係　152
捕食関係　152
ポリアクリルアミド　177
ポリ塩化ビフェニル　104, 215, 223
ポリオキシエチレン　177
ポリクロロジベンゾ－パラ－ジオキシン　45
ポリクロロジベンゾフラン　45
ポリびん　199
ポリフェノール　189
ボルティセラ　190
ホルモン　97
ポンプ冷却水　255

ま

膜孔　184
マニフェスト　100
マニフェストシステム　100
マネジメント　100
膜分離法　184
膜モジュール　184
マンガン　147

み

ミカエリス・メンテン定数　242
ミカエリス・メンテンの式　242
ミクロカラム　230
ミクロコッカス　190
水使用の合理化　244
みそ，しょう油　258
未定係数法　128
ミティゲーション　100
密度　64
水のイオン積　92, 122
水俣病　75, 140

む

無影響量　164
無過失賠償責任　80
無機顔料製造業　166
無機系凝集剤　176
無機工業薬品製造業　166
無次元数　62
難しい問題の解き方　24
無毒性量　164

め

メタ－　43
メタロチオネイン　164
メタン　187
メタン発酵　187
メチル水銀　75
メチルジメトン検定　223
メチルメルカプタン　89
メチレンブルー　222
メルカプタン　187
メンブレイン　184
めん類　258

も

モノクロラミン　183
モノクロルベンゼン　43
モリブデン　147
モリブデン青　202
モリブデン青吸光光度法　223
モル　124
モル質量　47
モル濃度　46
問題意識　29
問題集　34
モントリオール議定書　94

や

野菜・果実を原料とする保存食料品　258
薬品還元　214
薬品公害　74

ゆ

融解　196
有害廃棄物の国境を越える移動及びその処分の規制に関する条約　95
有害物質　144, 214
有害物質使用特定施設　145
有害物質に関する一律排水基準　142
有機栄養細菌　193
有機塩素化合物　146
有機化学薬品製造業　167
有機化合物　42
有機系凝集剤　176
有機水銀　75
有機物　87
有機りん化合物　198, 215, 223
誘導結合プラズマ法　57
郵便切手　38
遊離残留塩素　183

よ

陽イオン　177
陽イオン交換樹脂　217
陽イオン交換樹脂法　215
溶液　46
溶解性の鉄　199, 202
溶解性のマンガン　199, 202
溶解度積　218
容器包装リサイクル法　83
容器包装に係る分別収集及び再商品化の促進等に関する法律　83
窯業原料精製業　167
用語の定義　77
陽極　178
溶質　46

陽性　226
用水管理　244
容積(体積)/容積(体積)濃度　46
溶存酸素　239
溶存酸素濃度　158
溶存酸素不足濃度　158
溶存酸素量　102
溶存有機炭素　239
溶媒　46
溶融石英　230
溶離液　231
容量分析法　54
四日市ぜん息　75
四大公害病　75

ら

ライフ・サイクル・アセスメント　100
ライフスタイル　96
ラグーン　161
ラグーン型エスチャリー　161
ラグーン法　190
ラムサール条約　94
ランタン－アリザリンコンプレキソン吸光光度法　223
らん藻　152
ランベルト・ベール（ランバート・ベーア）の法則　57
乱流，乱流域　62

り

リアス型エスチャリー　161
リアス式海岸　161
リオ・デ・ジャネイロ　95
リオ宣言　95
リサイクル　82
リスク　101
リスクマネジメント　101
理想気体　47
理想気体の状態方程式　48
硫化水素　89, 187
硫化物　214
硫酸　93
硫酸鉄　214
粒子状有機炭素　239
流体力学的モデル　238
流動焼却炉　196
流入負荷量　239
留分　254
両性金属　216
両性物質　216
両罰規定　145
りん　87, 148
りん化水素　187
りん酸緩衝液　201
りん発生原単位　154
りん分　239

れ

冷間圧延工程　251
冷却塔　246
冷却塔の濃縮倍数　247
冷却排水　255
レイノルズ数　62
レッドデータブック　101

ろ

ロータリーキルン　196
労働災害　74
ろ過施設　258
ろ過助剤添加　196
ろ過抵抗　194
ロサンゼルス・スモッグ　75
ろ紙　228
ろ層充てん密度　194
ろ層粒子径　194
六価クロム　144, 214, 222
六価クロム化合物　166
ロンドン・スモッグ　75

わ

ワシントン条約　94
渡良瀬川　75, 140
ワムシ　190

MEMO

MEMO

MEMO

MEMO

著者略歴

福井　清輔（ふくい　せいすけ）

＜略歴および資格＞

福井県出身

東京大学工学部卒業，同大学院修了

工学博士

＜著作＞

- 「よくわかる第３種冷凍機械責任者試験」（弘文社，共著）
- 「４週間でマスター第３種冷凍機械責任者試験」（弘文社，共著）
- 「わかりやすい１級ボイラー技士試験」（弘文社）
- 「わかりやすい２級ボイラー技士試験」（弘文社）
- 「これだけ！１級ボイラー技士試験合格大作戦」（弘文社）
- 「これだけ！２級ボイラー技士試験合格大作戦」（弘文社）
- 「これだけ！甲種危険物試験合格大作戦」（弘文社，共著）
- 「これだけ！乙種４類危険物試験合格大作戦」（弘文社，共著）
- 「本試験形式！公害防止管理者重要問題集（水質関係）」（弘文社，共著）
- 「本試験形式！公害防止管理者重要問題集（大気関係）」（弘文社，共著）
- 「これだけ！公害防止管理者試験合格大作戦（水質関係）」（弘文社，共著）
- 「これだけ！公害防止管理者試験合格大作戦（大気関係）」（弘文社，共著）
- 「はじめて学ぶ環境計量士試験（濃度関係）」（弘文社）
- 「はじめて学ぶ環境計量士試験（騒音・振動関係）」（弘文社）
- 「わかりやすい第２種冷凍機械責任者試験」（弘文社）
- 「わかりやすい第３種冷凍機械責任者試験」（弘文社）
- 「わかりやすい環境計量士試験（騒音・振動科目）」（弘文社）
- 「わかりやすい環境計量士試験（共通科目）」（弘文社）
- 「基礎からの環境計量士合格テキスト（濃度関係）」（弘文社）
- 「基礎からの環境計量士合格テキスト（騒音・振動関係）」（弘文社）
- 「基礎からの環境計量士合格問題集（濃度関係）」（弘文社）
- 「基礎からの環境計量士合格問題集（騒音・振動関係）」（弘文社）

はじめて学ぶ！　公害防止管理者試験（水質関係）

編　　　著　福井　清輔
印刷・製本　株式会社　太洋社

発行所　株式会社　弘　文　社
〒546-0012
大阪市東住吉区中野２丁目１番27号
☎(06)6797-7441
FAX(06)6702-4732
振替口座番号/00940-2-43630
東住吉郵便局私書箱１号

代表者　岡崎　達

国家・資格試験シリーズ

公害防止管理者試験

本試験形式！公害防止管理者
大気関係 〈A 5 判〉

本試験形式！公害防止管理者
水質関係 〈A 5 判〉

これだけ大作戦！公害防止管理者
大気・粉じん関係 〈A 5 判〉

これだけ大作戦！公害防止管理者
水質関係 〈A 5 判〉

よくわかる！公害防止管理者
ダイオキシン類関係 〈A 5 判〉

よくわかる！公害防止管理者
水質関係 〈A 5 判〉

わかりやすい！公害防止管理者
大気関係 〈A 5 判〉

わかりやすい！公害防止管理者
水質関係 〈A 5 判〉

環境計量士試験

よくわかる環境計量士（濃度） 〈A 5 判〉

よくわかる環境計量士（騒音・振動） 〈A 5 判〉

わかりやすい環境計量士（法規・管理） 〈A 5 判〉

測量士補試験

これだけマスター
ザ・測量士補 〈A 5 判〉

測量士補受験の基礎 〈A 5 判〉

よくわかる！
測量士補重要問題 〈B 5 判〉

危険物取扱者試験

これだけ！丙種危険物試験
合格大作戦！！ 〈A 5 判〉

これだけ！乙種第 4 類危険物
合格大作戦！！ 〈A 5 判〉

これだけ！乙種総合危険物試験
合格大作戦！！ 〈A 5 判〉

これだけ！甲種危険物試験
合格大作戦！！ 〈A 5 判〉

実況ゼミナール！
乙種 4 類危険物取扱者試験 〈A 5 判〉

実況ゼミナール！
甲種危険物取扱者試験 〈A 5 判〉

実況ゼミナール！
科目免除者のための乙種危険物 〈A 5 判〉

実況ゼミナール！
丙種危険物取扱者試験 〈A 5 判〉

暗記で合格！丙種危険物 〈A 5 判〉

暗記で合格！乙種 4 類危険物 〈A 5 判〉

暗記で合格！甲種危険物 〈A 5 判〉

暗記で合格！乙種総合危険物 〈A 5 判〉

わかりやすい！乙種 4 類危険物 〈A 5 判〉

わかりやすい！丙種危険物取扱者 〈A 5 判〉

最速合格！乙 4 危険物でるぞ～問題集 〈A 5 判〉

直前対策！乙 4 危険物 20 回テスト 〈A 5 判〉

本試験形式！乙 4 危険物模擬テスト 〈A 5 判〉

本試験形式！甲種危険物模擬テスト 〈A 5 判〉

本試験形式！乙種 1・2・3・5・6 類模擬テスト 〈A 5 判〉

本格的な学習に進むための
助走支援書！

●はじめて学ぶ！公害防止管理者［大気関係］●

福井 清輔　著
Ａ５判　296ページ

本書は，初めて公害防止管理者試験を受験してみようと考えておられるすべての方にまずは「この本から」とお勧めできる入門書です。

「公害防止管理者とは？」，「合格するための学習方法とは？」といった初歩的な疑問から各科目分野の重要事項に至るまで，読者が出来る限りわかりやすく読み進められるよう配慮された構成になっております。
また，重要事項に関して練習問題を多数収録し，それを解きながら理解を促すようにも配慮しております。

入門書ではありますが，国家試験範囲の70%以上をカバーしておりますので，本書の範囲をしっかり学習されれば，合格水準に達する事も十分に可能です。

本書を通読してみて公害防止管理者に興味・関心をもたれた方は，本格的な学習に進んでいただければ，合格はより確実なものと思います。
本書で理解に必要な基礎力はつちかわれているはずです。

ご健闘を心からお祈り申し上げます！

はじめて学ぶ！公害防止管理者［水質］の姉妹編です。